PLC 原理与工程应用技术

张克涵　梁庆卫　著

U0332642

国防工业出版社

·北京·

内 容 简 介

本书主要内容包括:工厂自动化的发展现状及趋势,PLC 的硬件基础知识及自锁、互锁和联锁等相关概念,根据设备一次接线图及二次接线图设计 PLC 系统的一般流程,设备启动回路及停机回路的软件编程方法,引入干接点、主站、远程站、双机热备等工程术语使读者快速掌握 PLC 的工程应用方法等。

本书可作为相关专业高年级本科生教材,也可作为工程技术人员的参考书。

图书在版编目(CIP)数据

PLC 原理与工程应用技术 / 张克涵,梁庆卫著. —
北京:国防工业出版社,2016.4
ISBN 978 - 7 - 118 - 10753 - 1

Ⅰ. ①P… Ⅱ. ①张… ②梁… Ⅲ. ①plc 技术 Ⅳ.
①TM571.6

中国版本图书馆 CIP 数据核字(2016)第 045566 号

※

*国防工业出版社*出版发行
(北京市海淀区紫竹院南路 23 号 邮政编码 100048)
三河市众誉天成印务有限公司印刷
新华书店经售

*

开本 710×1000 1/16 插页 2 印张 11½ 字数 212 千字
2016 年 4 月第 1 版第 1 次印刷 印数 1—3000 册 定价 42.00 元

(本书如有印装错误,我社负责调换)

国防书店:(010)88540777 发行邮购:(010)88540776
发行传真:(010)88540755 发行业务:(010)88540717

序
Preface

从业 20 余年,我对 PLC 既熟悉又陌生。熟悉是因为 1992 年至 2000 年这 8 年中,我作为工程技术人员应用了近 20 余套 PLC 系统,从设计、组态、成套、编程、调试到最终设备投运,在国家重点工程项目中得到成功实践。看到数百台就地设备在自己设计的控制系统指挥下自动运转,心里的满足感和成就感现在还依然能够体会。我也见证了西安航天自动化股份有限公司将上千套 PLC 应用到电力、水利、环保、轨道交通等领域,使这些领域的自动化水平显著提高。说到陌生,那是因为近 6 年我的研究方向关注于物联网技术领域,没有更多地研究 PLC 技术,不过物联网技术的感知、传输、处理依然可以借鉴 PLC 的原理和方法。

PLC 技术经过数十年的发展,功能不断强大,将网络、处理、编程等能力集于一体,PLC 与 DCS、FCS 互相学习、互相渗透。PLC 以更具灵活性、分散性和可靠性等优点,已成为工业自动化的基础,在制造、能源、交通、化工等行业依然占有强劲的市场空间。

张克涵老师曾经是自动化行业的一员猛将,经他亲自设计投运的 PLC 系统达 10 余套之多。张老师的《PLC 原理与工程应用技术》一书突破了多数 PLC 书籍的局限性:其他多数书基本上只是 PLC 说明书及相关指令介绍,实际应用时参考价值有限,而张老师的书是面向工程应用,全书条理清晰,层次分明。本书第 1、4、5 章讲述 PLC 的原理和技术,第 2、3、6 章将他自己 10 余年的工程经验融入其中,使读者可深入理解工业现场情况。全书由浅入深,实例丰富,对从事自动化领域的读者来说是一本不可多得的实用教材。

2015 年,继德国提出工业 4.0,美国提出互联企业之后,中国政府提出"中国制造 2025"。我国的传统工业转型升级迫在眉睫,互联网 + 工业将开启一个新时代,从而实现制造业大国向制造业强国转变。可喜的是 PLC 不断进步,国产 PLC 也正在迎头赶上,它们必将在新的工业浪潮中得到洗礼与发展。

西安航天自动化股份有限公司总经理
陕西省物联网与智能控制工程研究中心主任
鲍复民
2015 年 12 月

前 言
Foreword

可编程逻辑控制器（PLC）自诞生以来，凭借其功能强大、可靠性高、编程灵活简单、适应复杂恶劣工业环境等优点在工业控制各个领域得到了广泛应用，成为现代工业控制三大支柱（PLC、CAD/CAM、ROBOT）之一。在火电厂、化工厂、机械加工厂等行业中，PLC都发挥着至关重要的作用，它已成为使用最广泛的控制系统硬件平台，推动工厂控制水平向着高度的自动化和透明工厂方向不断发展，因此对于希望从事控制工程领域工作的读者来说很有必要学习和掌握PLC应用技术。

本书作者具有十年PLC系统工作经验，把参与的部分工程实例引入到本书中，力求让读者在较短时间内快速掌握PLC的相关基础知识及工程术语，尽快熟悉并全面掌握PLC应用技术。本书与其他相关书籍相比，具有以下特点：

（1）此书的著述原则是力求体现系统化、实用性及工程应用的特点，从了解整套控制系统的工艺流程，到根据I/O清单设计PLC系统，再到现场调试，引导读者了解PLC应用系统开发的全过程，有助于读者在日后工程实践中独立设计PLC系统。

（2）由浅入深地介绍PLC的相关基础知识，由单机点动到长动，引入自锁、互锁和联锁等相关概念，层层递进，便于读者慢慢深入理解。

（3）引入工程典型应用实例，充分考虑现场情况的复杂多样性，对设备的启动回路及停机回路编程方法进行了深入阐述，读者理解这些程序就能掌握PLC编程的精髓，具备复杂PLC系统逻辑编程的能力。

（4）引入工程术语，如一次接线图及二次接线图、干接点、主站、远程站、双机热备等概念，有助于读者快速全面掌握PLC的工程应用技术。

全书共分为6章。第1章介绍了PLC的产生背景、发展现状及应用前景，使读者了解PLC在工业控制中的重要地位，激发学习兴趣。第2章介绍了继电器－接触器控制系统，该系统与PLC梯形图编程语言有许多相似之处，PLC也是在继电器－接触器控制系统的基础上发展而来的，因此掌握继电器－接触器控制系统的基本知识是学习PLC的基础。第3章结合工程实例，主要讲述电气系统原理图，包括控制系统的一次接线图、二次接线图及与PLC系统的关系；就地控制柜、MCC控制柜、高压开关柜与PLC系统的信号关系等。第4章介绍了

PLC 内部功能结构、硬件组成及工作过程,对常用的功能模块工作原理进行了分析,讲解了 PLC 的网络结构与配置方法。第 5 章通过梯形图介绍了 PLC 的程序编写,设备启动回路及停机回路的基本编程方法。第 6 章通过工程实例完整地介绍了 PLC 应用系统的设计方法。

本书由西北工业大学航海学院张克涵老师主要撰写,梁庆卫老师参与了第 2 章部分撰写工作。参与本书写作工作的还有姜恩博、刘梦焱两位硕士生,王袁硕士对本书进行了全面的校对,并提出了许多修改意见。这三位研究生也是作者在上课期间最为欣赏的学生,正是由于他们的辛勤工作,使本书顺利完成,在此一并表示衷心的感谢。

由于水平有限,书中难免存在一些错误和不妥之处,敬请广大读者批评指正。若有意见或建议请发送电子邮件至 zhangkehan210@163.com。

作者
2015 年 11 月

目 录

Contents

第1章
PLC 的产生与发展

1.1　工业自动化的发展

　　1913 年 10 月 7 日,亨利·福特应用创新理念和反向思维逻辑在密歇根州海兰德帕克的汽车制造厂建立了一条活动装配线,对传统的汽车生产流程进行了革命性的创新,使汽车沿 250 英尺①长的装配线传送而来,工人们沿线逐步装上发动机、操控系统、车厢、方向盘、仪表、车灯、车窗玻璃、车轮等零件。这种装配线使一台汽车在 3 小时内就能制造出来。仅 1914 年里,即按预期生产出近 25 万辆汽车,而且能让汽车的价格削减 50%,降至每辆 260 美元。大规模流水线带来的是生产方式的一次伟大革命,福特公司连续创造了世界汽车工业时代的生产新纪录:1920 年 2 月 7 日,组装一辆汽车用时一分钟,1925 年 10 月 30 日,10 秒钟便可组装一辆汽车,如此高的速度让同行震惊,让世界震惊。图 1 - 1 为福特汽车生产流水线。

图 1 - 1　福特汽车生产流水线

---

　　①　1 英尺 = 0.3048m。

"流水线"把一个重复的过程按照不同的生产工艺分为若干个子过程,并且每一个子过程都是对特定的机械装配方式的重复,相互之间可以并行运作,互不干扰。与此同时,人们迫切需要一种解放工人们双手的控制系统把人类从重复的特定生产过程中解脱出来,达到减轻劳动强度,提高产品质量,提高生产效率的目的。由此,"工业自动化"应运而生。

由最初的简单生产线开始,到了20世纪70年代,出现了"机电一体化"这个名词,日本从1971年开始提出了"mechatronics"这个英语合成名词,其中词首"mecha"表示mechanic(机械学),词尾"tronics"表示electronics(电子设备或电子学)。机电控制技术实际上是自动化技术发展到一个阶段的必然产物,它是自动化领域中机械技术与电子技术有机结合而产生的新技术。

在工业生产中,尽量减少人力的操作,而能充分利用人力以外的资源来进行生产工作,即称为"工业自动化生产"。继电器控制系统的顺序逻辑控制推动了工业自动化的发展,这一时期的主要特点是:各种单机自动化加工设备出现,如加工使用的机床。

继电器控制系统利用继电器和接触器来控制电动机和生产设备,从而控制生产过程。简单继电器控制系统的工作原理如图1-2所示。

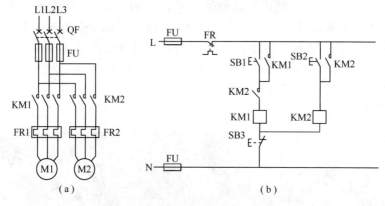

图 1-2　简单继电器控制系统的工作原理

继电器控制系统实现了对机床电动机的各种运动控制,如启停、正反转与速度调节。该控制方法简单直接,工作简单可靠,成本低,逐步取代了原来的手动控制方式,并迅速成为工业控制的主流,是以后众多控制设备产生的基础,并在机床、火电厂辅机自动化、化工行业等领域得到了广泛使用。

继电器控制系统一度占据了工业控制的主导地位,然而随着生产力的发展和科学技术的进步,人们对工业自动控制提出了新的要求,而继电器控制系统是为了实现某一专门控制而设计的,在系统动作复杂,规模较大的场合,由于其功能不灵活、体积庞大、接线复杂、维修困难等问题(见图1-3),越来越难以适应工业自动化发展的更高要求。

图 1 - 3　复杂继电系统控制柜接线

1.2　PLC 的诞生

随着计算机控制技术的不断发展,1968 年,美国通用汽车公司(GM)提出了研制一种新型工业控制器的要求,并从用户的角度出发,提出新一代控制器应具备以下十个基本条件(GM 十条)。

(1) 编程简单,可在现场修改和调试程序。

(2) 价格便宜,性价比高于继电器控制系统。

(3) 可靠性高于继电器控制系统。

(4) 控制柜的体积要更小。

(5) 可将数据直接送入管理计算机。

(6) 输入可以是交流 115V(美国电网电压值)。

(7) 输出为交流 115V、2A 以上,能直接驱动电磁阀等。

(8) 在扩展时,原有系统只需要很小的变更。

(9) 维护方便,最好是插件式的。

(10) 程序存储器的容量至少扩展到 4KB 以上。

1969 年,美国数字设备公司(DEC)根据上述要求,研制出了世界上第一台可编程控制器,型号为 PDP - 14,并在美国通用汽车公司的汽车自动装配线上试用成功。这种可编程逻辑控制器(Programmable Logic Controller),简称 PLC,具备了执行逻辑判断、计时和计数等功能,大大提高了劳动生产率。

1987 年 2 月,国际电工委员会(IEC)颁布可编程序控制器标准草案第三稿,对可编程序控制器定义为:"可编程序控制器是一种数字运算操作的电子系统,专为在工业环境下应用而设计。它采用了可编程序的存储器,用来在其内部存储执行逻辑运算、顺序控制、定时、计数和算术运算等操作指令,并通过数字式和模拟式的输入和输出,控制各类机械的生产过程。可编程控制器及其有关外围设备,都按易于与工业系统联成一个整体,易于扩充其功能的设计"。

早期的可编程控制器主要用来代替继电器实现逻辑控制。随着技术的发展,这种装置的功能已经大大超过了逻辑控制的范围。PLC 的发展过程如表 1－1 所列。

表 1－1　PLC 的发展过程

发展阶段	时间段	特点
第一阶段	从第一台可编程控制器诞生到 20 世纪 70 年代初期	CPU 由中小规模集成电路组成,存储器为磁芯存储器
第二阶段	20 世纪 70 年代初期到 70 年代末期	CPU 采用微处理器,存储器采用 EPROM
第三阶段	20 世纪 70 年代末期到 80 年代中期	CPU 采用 8 位和 16 位微处理器,有些还采用多微处理器结构,存储器采用 EPROM、EAROM、CMOSRAM 等
第四阶段	20 世纪 80 年代中期到 90 年代中期	全面使用 8 位、16 位微处理器的位片式芯片,处理速度也达到 1μs/步
第五阶段	20 世纪 90 年代至今	使用 16 位和 32 位的微处理器芯片,有的已使用 RISC 芯片

PLC 是以微处理器技术为基础,结合了自动控制技术、计算机技术和通信技术,采用软件控制设备执行过程,并且具有可靠性高、实用性强、简单易学等优点,在工厂自动化系统中占据了重要的角色。

PLC 作为通用工业控制计算机,是面向工矿企业的工控设备。与其前身——继电器控制系统相比,PLC 不需要大量的活动元件和连线电子元件,所以连线大大减少(见图 1－4)。而且系统的抗干扰能力强,维修简单。与此同时,PLC 与其他控制器相比,也有诸多优点:

(1) 其接口容易,编程语言易于为工程技术人员接受;

(2) 梯形图语言的图形符号和表达方式与继电器电路图相当接近,只用 PLC 的少量开关量逻辑控制指令就可以方便地实现继电器电路的功能;

(3) 为不熟悉电子电路、不懂计算机原理和汇编语言的人使用计算机从事工业控制打开了方便之门。

(4) PLC 采用了许多冗余设计方法,提高了系统的可靠性,如 CPU、电源、通信的冗余设计。超大规模集成电路的迅速发展以及信息、网络时代的到来,扩展了 PLC 的功能,使它具有很强的联网通信能力,大大扩展了 PLC 在工厂自动化系统中的应用范围。现在 PLC 在国内外已广泛应用于电力、机械、汽车制造、石油、化工、环保等各行各业。

用 PLC 取代传统的继电器控制系统实现灵活的过程控制,是 PLC 最基本的应用。在汽车、装配、造纸、输煤等自动生产线上都可以看到 PLC 的身影。PLC

图 1 - 4　PLC 控制柜

又基于电子计算机,实质上是一台工业现场用的微型计算机。特别是经历了几代的发展及相关技术的进步,它在处理逻辑量的同时,还可进行模拟量、脉冲量的处理与存储,以及具有很强的联网通信能力。PLC 的应用范围通常有以下几个方面。

（1）用于顺序控制。顺序控制就是按照生产工艺预先规定的顺序,控制生产过程中的各个执行机构自动有顺序进行操作。用 PLC 进行顺序控制,比其他硬件平台要方便得多,这也是 PLC 在控制方面最基本的应用。

（2）用于过程控制。工业中的过程控制是指以温度、压力、流量、液位和成分等工艺参数作为被控变量的自动控制。过程控制要用到模拟量,而这个模拟量要能被 PLC 处理,必须离散化、数字化。有了 AI(模拟量输入)、AO(模拟量输出)模块,余下的处理都是数字量处理。这对具有数字运算能力的 PLC 是不难的,凡基于计算机所能处理的数字运算,PLC 也都能做到。

（3）用于运动控制。运动控制主要是指对工作对象的位置、速度及加速度所做的控制。可以是单坐标,即控制对象的直线运动;也可以是多坐标的,控制对象的平面、立体,以至于角度变换等运动;有时,还可控制多个对象,而这些对象间的运动可能还要进行统一协调。20 世纪 50 年代诞生于美国的数控技术,简称数控(NC),就是基于电子计算机及脉冲量的应用而不断发展与完善的运动控制技术。

PLC 也已具备处理脉冲量的能力。PLC 不仅具有脉冲信号输入模块,可接收脉冲量的输入(PI);还具有脉冲信号输出模块,可输出脉冲量(PO)。有了处理 PI 和 PO 这两种功能,加上 PLC 已有的数据处理及运算能力,完全可以依据 NC 的原理进行运动控制。

（4）用于闭环控制。闭环控制是指不断地获得反映运动状态的脉冲量或模拟量,并按一定的控制规律来确定输出量,输出量可能是开关量、模拟量或脉冲量。

（5）用于信息控制。信息控制也称数据处理，是指数据采集、存储、检索、变换、传输及数表处理等。随着技术的发展，PLC 不仅可用于系统的过程控制，还可用于系统的信息控制。

（6）用于远程控制。远程控制也称远方控制，就是指操作人员在控制室通过计算机操作员站与 PLC 进行通信，向 PLC 发送指令，通过 PLC 对现场设备进行控制。而就地控制就是在设备的就地控制箱上进行的人工启停操作。

PLC 现已成为工业控制三大支柱（PLC、CAD/CAM、ROBOT）之一，以其可靠性高、逻辑功能强、体积小、可在线修改控制程序、具有远程通信联网功能、易与计算机接口、能对模拟量进行控制、具备高速计数模块等优异性能，日益取代由大量中间继电器、时间继电器、计数继电器等组成的传统继电控制系统，在各行各业的自动化系统中得到了广泛应用，是目前使用最广泛的控制系统硬件平台。PLC 已经成为一个国家工业先进程度的重要标志之一。

1.3　PLC 的发展现状

PLC 的发展现状可概括为网络化、智能化和以网到底。在网络化方面，PLC 支持 TCP/IP 工业以太网及各种现场总线，如 PROFIBUS、CAN、CTROLNET 等，可以和任何系统进行互联互通。在智能化方面，PLC 各生产厂家开发出各种智能模块，如高速计数模块、智能通信模块、高速采集模块等，从而可以满足需要实时性高的工业应用场合。在以网到底方面，PLC 向上与操作员站及管理层通过 TCP/IP 工业以太网进行通信，向下 PLC 各机架之间也逐步采用 TCP/IP 工业以太网进行通信。

随着微电子技术、计算机技术和通信技术的发展，PLC 在功能、速度、智能化方面以及联网通信上，都有很大的提高，并开始与计算机联成网络，构成了以 PLC 为核心的分布式控制系统。随着网络通信功能的不断增强，PLC 与 PLC 及计算机之间的互联，可以形成大规模的控制系统。

PLC 是现代工厂自动化的硬件平台，PLC 技术的每一次跃进都给工厂自动化技术的发展带来了新的思路，工厂自动化有了新的发展同样也促使 PLC 技术的变革以适应其需求。如图 1-5 所示某火电厂输煤程控控制室即可全透明监视整个生产现场，通过上位机界面可对各个生产设备进行远程控制，实现作业在线指导，生产过程本地、远程可视化，设备间通信协议开放，网络间通信协议开放，并具有远程诊断、远程维护功能。

PLC 通过自己的工业以太网接口模块与上位监控计算机及处在同一网络中的其他控制器进行数据交换，从而实现集中监控；PLC 还可以通过其现场总线通信模块组成现场总线控制网络，从而可以在底层具有通信功能的控制仪表上读取数据，进而实现集中监控；还可以通过网络，在同一台计算机上，通过专用上位

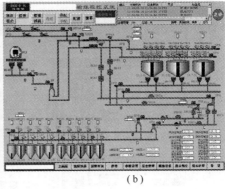

(a)　　　　　　　　　　　　　　(b)

图 1-5　PLC 控制室及操作界面图

组态软件(组态王、INTOUCH、IFIX)实现多系统动态画面的远程集中监控。

　　PLC 具有通用的 TCP/IP 通信模块,实现经营管理层(MIS)、生产管理层(SIS)、控制操作层 3 层自动化网络结构,如图 1-6 所示。

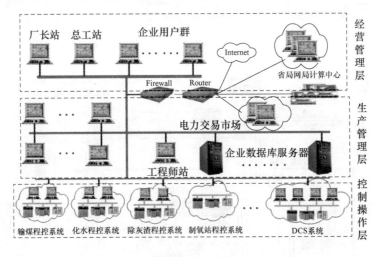

图 1-6　火电厂三层自动化控制网络示意图

　　PLC 各系统既可以通过冗余星形网络连接(见图 1-7),也可以通过冗余环形网络连接(见图 1-8)。其中输煤系统、净化站系统、补给水系统等全部采用 PLC 进行控制,有部分系统在就地控制室保留 1 个操作员站,用于系统调试阶段,当系统调试完成后,在整个辅助车间网络控制系统上通过 8 个操作员站进行集中监控。

　　随着 PLC 技术的不断进步,工厂自动化向着高度的自动化和透明工厂两个方面不断地进行发展。其中,工厂高度的自动化包括生产过程全面自动化、管理过程自动化及商务流程自动化;透明工厂主要是指在办公室计算机上,管理人员

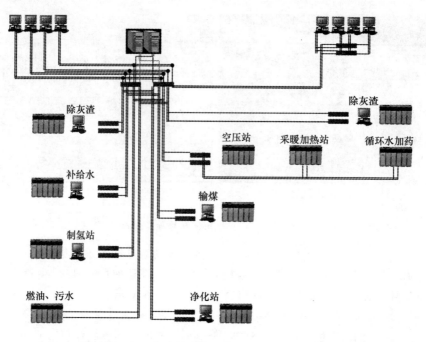

图 1-7　PLC 各系统通过冗余星形网络连接示意图

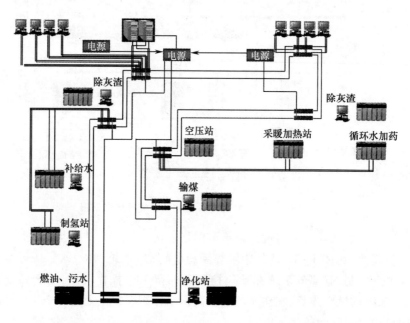

图 1-8　PLC 各系统通过冗余环形网络连接示意图

可以实时监视工厂任何设备的运行状况,即可以实现生产过程的远程可视化,并可以对设备进行远程诊断与远程维护。

1.4 PLC 未来的发展

1.4.1 PLC 与物联网

"物联网"的英文名称为 Internet of Things(IOT)。由该名称可见,物联网就是"物物相连的互联网"。所以从其定义上可以看出,物联网的核心和基础仍然是"互联网",是在互联网基础之上延伸和扩展的一种网络;其用户端延伸和扩展到了任何物品与物品之间,均可以进行信息交换和通信。

物联网的"物"要满足以下条件才能够被纳入"物联网"的管理范围:

(1)要有相应信息的接收器;

(2)要有用于数据传输的通路;

(3)要有一定的存储功能;

(4)要有 CPU;

(5)要有操作系统;

(6)要有专门的应用程序;

(7)要有数据发送器;

(8)要遵循物联网的通信协议;

(9)要在世界网络中有可被识别的唯一编号。

物联网产业链可细分为物品的标识、感知、信息处理和信息传送四个环节。每个环节对应的关键技术分别为 RFID、传感器、智能芯片和无线传输网络。目前主要有四大类产品:

(1)电子标签(如存储芯片、天线、各种传感器等)

(2)读写器(包含智能芯片、天线、信息传输模块等)

(3)系统集成产品(如系统中间件、数据库软件、PC 终端、数据服务器、路由器、交换机、传输网络等)

(4)应用管理系统软件等。

近几年来,物联网一直是热点话题,产业发展也非常迅速,据有关资料显示,物联网的快速发展或将带动 PLC 产业的进一步发展。从智能安防到智能电网,从二维码普及到"智慧城市"落地,作为被寄予厚望的新兴产业,物联网正四处开花,悄然影响着人们的生活。目前,美国、欧盟等都在投入巨资深入研究探索物联网。我国也正在高度关注、重视物联网的研究。物联网的发展建设涵盖更加广阔,PLC 作为目前信息采集、控制的主要技术手段,特别是和物联网的无线通信技术进行融合,必将在物联网的建设过程中起到关键性作用。同时,这也促使 PLC 技术的进一步发展与进步,从而适应物联网的高速发展。

1.4.2　PLC 与工业 4.0 计划

　　工业 4.0 是一个德国政府提出的高科技战略计划。该项目由德国联邦教育及研究部和联邦经济技术部联合资助,投资预计达 2 亿欧元,旨在提升制造业的智能化水平,建立具有适应性、智能性的智慧工厂,在商业流程及价值流程中整合客户及商业伙伴。其技术基础是网络实体系统及物联网。中国首套工业 4.0 流水线也已经亮相第十六届中国工业博览会。工业 4.0 已经进入中德合作新时代,中德双方签署的《中德合作行动纲要》中,有关工业 4.0 合作的内容共有 4 条,第一条就明确提出工业生产的数字化就是"工业 4.0",对于未来中德经济发展具有重大意义。

　　"工业 4.0"项目主要分为三大主题:一是"智能工厂",重点研究智能化生产系统及过程,以及网络化分布式生产设施的实现;二是"智能生产",主要涉及整个企业的生产物流管理、人机互动和 3D 技术在工业生产过程中的应用等,该计划将特别注重吸引中小企业参与,力图使中小企业成为新一代智能化生产技术的使用者和受益者,同时也成为先进工业生产技术的创造者和供应者;三是"智能物流",主要通过互联网、物联网来整合物流资源,充分发挥现有物流资源供应方的效率,而需求方则能够快速获得服务匹配,得到物流支持。

　　为了满足"工业 4.0"的发展需求及自动化市场的增幅需求,PLC 必须依靠数字产业革命不断发展,变得日益强大,能够处理更多输入、更快速度以及实现更为复杂、更为智能的控制功能,从而能够支持信息驱动型的制造业生态圈,将车间厂房和制造执行管理系统(MES)以及企业资源规划(ERP)层面联系起来,甚至在某些情况下能够直接作用于消费者;PLC 应实现对大量数据的处理需求,并将结果反馈给更高层的系统,最终形成一个能够实现自我优化的网络物理系统和模块化的成套装置。

1.5　其他常用的硬件平台介绍

1.5.1　继电控制系统

　　继电控制系统(有时也称为继电器—接触器控制系统)是针对一定的生产机械、固定的生产工艺而设计的,其基本特点是结构简单,生产成本低,抗干扰能力强,故障检修直观,适用范围广。它不仅可以实现生产设备、生产过程的自动控制,还可以满足大容量、远距离集中控制的要求,因此目前该类控制仍然是工业自动控制各领域中最基本的控制形式之一。

　　但是,由于继电器—接触器控制系统的逻辑控制与顺序控制只能通过"固定接线"的形式安装而成,因此,在使用中不可避免地存在以下不足:

（1）通用性、灵活性差。

由于采用硬接线方式，因而只能完成既定的逻辑控制、计时和计数等功能，即只能进行开关量的控制，一旦改变生产工艺过程，继电控制系统必须重新设计控制电路，重新配线，难以适应生产工艺不断发展的控制要求。

（2）体积庞大，材料消耗多。

安装继电器—接触器控制系统需要较大的空间，电器之间连接需要大量的导线。

（3）运行时电磁噪声大。

多个继电器、接触器等电器的通断会产生较大的电磁噪声。

（4）控制系统功能的局限性较大。

继电器—接触器控制系统在精确定时、计数等方面功能欠缺，影响了系统的整体性能，因此只适用于定时要求不高、计数简单的场合。

（5）可靠性低，寿命短。

由于继电器—接触器控制系统采用的是触点控制方式，因此工作电流较大，工作频率较低，长时间使用容易损坏触点，或者出现触点接触不良等故障。

（6）不具备现代工业所需要的数据通信、网络控制等功能。

继电器—接触器控制系统没有应用微电子技术和计算机技术，不具备现代工业所需要的数据通信、网络控制等功能。

由于 PLC 应用了微电子技术和计算机技术，各种控制功能是通过软件来实现的，只要改变程序，就可适应生产工艺改变的要求，因此适应性强。PLC 不仅能完成逻辑运算、定时和计数等功能，而且能进行算术运算，因而它既可进行开关量控制，又可进行模拟量控制，还能与计算机联网，实现分级控制。PLC 还具有自诊断功能，所以在应用微电子技术改造传统产业的过程中，传统的继电器控制系统必将被 PLC 所取代。

1.5.2　嵌入式控制系统

嵌入式控制系统是指主要以应用为中心，以计算机技术为基础，软、硬件可裁剪，适合应用系统对功能、可靠性、成本、体积、功耗等严格要求的专用计算机系统。

目前，常用的嵌入式控制系统硬件平台主要有单片机、DSP（数字信号处理器）、ARM。由于受到 CPU、内存容量和 I/O 接口数量的限制，主要用于系统规模小，系统输入点和输出点少于 100 点的工业应用场合；多用于单一设备的自动控制，如无刷直流电动机控制系统、蓄电池智能充放电系统、惯性导航系统和各种数码产品。

1.　单片机

单片机全称单片微型计算机（Single – Chip Microcomputer），又称微控制器

（Microcontroller），是把中央处理器、存储器、定时/计数器（Timer/Counter）、各种输入/输出接口等都集成在一块集成电路芯片上的微型计算机。它的最大优点是体积小，可放在仪表内部，但存储量小，输入/输出接口简单，功能较低，适用于简单的测控系统，价格较低。

2. DSP

DSP（Digital Signal Processor）是一种独特的微处理器，有自己的完整指令系统，适用于数字信号处理，如 FFT、数字滤波算法、加密算法和复杂控制算法等。它的最大特点是采用哈佛结构，指令和数据分开，有很强的数据处理能力和较高的运行速度。一个数字信号处理器在一块不大的芯片内，包括控制单元、运算单元、各种寄存器以及一定数量的存储单元等，在其外围还可以连接若干存储器，并可以与一定数量的外部设备互相通信。由于其运算能力很强，速度很快，体积很小，而且软件编程具有高度的灵活性，因此为从事各种复杂的应用提供了一条有效途径。

DSP 芯片一般具有如下主要特点：

（1）在一个指令周期内可完成一次乘法和一次加法；

（2）程序空间和数据空间分开，可以同时访问指令和数据；

（3）片内具有快速 RAM，通常可通过独立的数据总线在两块 RAM 中同时访问；

（4）具有低开销或无开销循环及跳转的硬件支持；

（5）快速的中断处理和硬件 I/O 支持；

（6）具有在单周期内操作的多个硬件地址产生器；

（7）可以并行执行多种操作；

（8）支持流水线操作，使取指、译码和执行等操作可以重叠执行。

3. ARM

ARM（Advanced RISC Machines）是微处理器行业的一家知名企业，设计了大量高性能、廉价、耗能低的 RISC 处理器和相关软件。ARM 架构是面向低预算市场设计的第一款 RISC 微处理器，基本是 32 位单片机的行业标准，它提供一系列内核、体系扩展、微处理器和系统芯片方案，4 个功能模块可供生产厂商根据不同用户的要求来配置生产。由于所有产品均采用一个通用的软件体系，因而相同的软件可在所有产品中运行。目前，ARM 在手持设备市场占有 90% 以上的份额，可以有效地缩短应用程序开发与测试的时间，也降低了研发费用。

对于控制功能简单、数据计算量较小的系统，一般选用单片机，价格最为便宜，一般每块在 10 元之内；对于数据处理较复杂的场合，比如永磁同步电动机矢量控制、双转无刷直流电动机控制系统等选用 DSP，如常用的 TI 公司的 2812，一般每块价格在 100 元之内；对于开发通用的手持式设备，建议选用 ARM，一般每块价格在 30 元左右。

1.5.3　计算机控制系统

计算机控制系统经常通过在工业控制计算机(简称工控机)主板上插上若干 I/O 接口卡,采用高级语言进行编程,适合规模较小,但对控制系统体积不严格要求的场合。PLC 是专门为工业控制所设计的,而微型计算机是为科学计算、数据处理等设计的。尽管两者在技术上都采用了计算机技术,但由于使用对象和环境的不同,PLC 具有面向工业控制、抗干扰能力强的特点,能够适应工业现场温度及湿度的剧烈变化。

PLC 使用面向工业控制的专用编程语言,编程及修改都比较方便,并有较完善的监控功能。而计算机控制系统则不具备上述特点,一般对运行环境要求苛刻,使用高级语言编程,要求使用者具有相当水平的计算机硬件和软件知识。

人们在应用 PLC 时,不必进行计算机方面的专门培训,就能进行操作及编程。

1.5.4　分散控制系统

PLC 是由继电器—接触器逻辑控制系统发展而来的,而传统的分散控制系统(Distributed Control System,DCS)是由回路仪表控制系统发展起来的分布式控制系统,它在模拟量处理、回路调节等方面具有一定的优势。分散控制系统问世于 1975 年,生产厂家主要集中在美国、日本、德国等国家。DCS 是一个由过程控制级和过程监控级组成的以通信网络为纽带的多级计算机系统,综合了计算机(Computer)、通信(Communication)、显示(CRT)和控制(Control)技术,即 4C 技术,其基本思想是分散控制、集中操作、分级管理。其配置灵活,组态方便。DCS通常适用于规模较大的控制系统,由三级系统构成,分别是现场信号处理层、控制层和管理操作层,其主要特点如下。

(1)系统设计采用合理的冗余配置和诊断至模件级的自诊断功能,具有高度的可靠性。系统内任一组件发生故障,均不会影响整个系统的工作。

(2)"域"的概念。把大型控制系统用高速实时冗余网络分成若干相对独立的分系统,一个分系统构成一个域,各域共享管理和操作数据,而每个域内又是一个功能完整的 DCS,以便更好地满足用户的使用。

(3)网络结构具有可靠性、开放性和先进性。在管理操作层,采用冗余的100/1000(Mbit/s)以太网;在控制层,采用冗余的100Mbit/s 以太网,以保证系统的可靠性;在现场信号处理层,应用现场总线来连接中央控制单元和各现场信号处理模块。

(4)标准的 Client/Server 结构。

(5)开放并且可靠的操作系统。系统的操作层采用 Windows NT 操作系统;

控制站采用成熟的嵌入式实时多任务操作系统,以确保控制系统的实时性、安全性和可靠性。

由于 DCS 具有上述优点,因此在核电、火电、热电、石化、化工、冶金、建材诸多领域得到了广泛应用。

基于以上分析,工业自动化生产中控制系统硬件平台的选取可采用以下原则:

(1)小型系统的点数较少,一般只有几十个输入点和输出点,这些系统一般使用嵌入式控制系统(如单片机、ARM、DSP 等),或者使用工业控制计算机进行控制。

(2)对于点数较多(100～8000 点)的中型系统,可以使用 PLC 系统。

(3)在大型系统中一般点数在 8000 点以上,控制系统的输入点和输出点多,控制功能复杂,一般采用分散控制系统。

由于 PLC 技术不断发展,每个厂家生产的 PLC 均包括小型系列(紧凑型,50点左右)、中型系列和大型系列 3 类,基本可以满足大多数工程的需求,根据工程规模可选择合适的系列;同时,现在 PLC 基本上具备 DCS 过去所独有的复杂控制功能,且 PLC 具有操作简单的优势;最重要的是,PLC 的价格和成本比进口 DCS 低得多。因此遇到控制系统,首先考虑 PLC 作为硬件平台。

1.6　目前国内常用的 PLC 品牌

德国西门子(Siemens)公司生产的可编程序控制器在我国的应用相当广泛,在冶金、化工、印刷生产线、电力等领域都有应用。西门子公司的 PLC 产品包括 LOGO、S7 - 200、S7 - 300、S7 - 400 等。其中,S7 系列的 PLC 体积小、速度快,具有很强的网络通信能力、可靠性高。目前,主推的 S7 系列 PLC 产品可分为微型 PLC(如 S7 - 200),小型 PLC(如 S7 - 300)和中、高性能要求的 PLC(如 S7 - 400)等。通信协议向上采用以太网,向下 PLC 机架之间采用 PROFIBUS - DP。

美国是 PLC 生产大国,AB 公司是美国最大的 PLC 生产厂商,产品规格齐全,特殊功能模块和智能模块种类丰富,主推大中型 CONTROLOGIC 系列,目前在国内电力行业、冶金行业、化工行业等均有广泛应用。通信协议向上采用以太网,向下 PLC 机架之间采用 CTROLNET 或以太网。

法国施耐德公司生产的 PLC,20 世纪 80 年代初最早进入中国市场,在电力行业中应用最为广泛,目前主推 QUANTUM 系列产品。通信协议向上采用以太网,向下 PLC 机架之间采用 RIO 或以太网。

我国 PLC 技术经过多年发展,目前国产 PLC 国内市场占有率不到 10%,而且只有小型系列得到成功应用,在中、大型系统中的应用还很少见,基本被国外产品垄断。

1.7　PLC 面临的挑战

在国家政策的支持下,我国科研人员在消化吸收国外技术的同时,还自主研发了我国自己的 DCS,经过多年的努力,取得了可喜的成绩,如北京和利时公司的 FOCS 系统,北京国电智深公司的 EDPF - NT 系统,浙大中控的 SUPCON 产品。从 2006 年开始,国产品牌得到了迅猛发展,价格只有国外产品的 1/3 左右,目前在国内 200MW 机组、300MW 机组火电厂以及某些化工厂中进行了成功应用。

从目前看来,国外知名 DCS 品牌在大型项目和关键项目中仍然具有明显优势,占据着大部分的高端市场。与此同时,我国 DCS 品牌也快速发展起来,市场影响力也在不断扩大。国产 DCS 多占据低端市场的格局正在被打破,DCS 市场竞争达到白热化,整体价格呈逐年下降的趋势,但 DCS 本身功能也日趋完善,应用范围也逐渐扩大。目前,在国内几大发电集团的支持下,国产 DCS 在火电厂控制系统中已取得了可喜的业绩。当然,与国外 DCS 巨头相比,国内厂家的经营规模还有待提高,系统的功能性还需要进一步提升,特别是成套系统的供货能力、高可靠性、高安全性控制系统的设计制造能力以及新产品、新技术的创新能力等方面,还需要大幅度的提高。

十年前,国内火电厂的三大主机采用进口 DCS,各辅机控制系统采用 PLC。但近几年,国内 DCS 厂家不断向火电厂推荐网络及硬件平台统一,使 PLC 系统在火电厂及一些化工厂全部被国产 DCS 取代,PLC 厂商及集成商受到严重冲击。但本人认为:PLC 系统具有强大的生命力,国内 DCS 并不比 PLC 系统便宜,PLC 系统在整个自动化系统中,其地位是不可动摇的。

其实 PLC 系统与 DCS 非常相似,硬件配置和编程逻辑相近,在编程时都必须熟悉设备的一次接线图及二次接线图,上位监控画面的制作过程也基本相同,因此从事 PLC 行业的工程师也能很快适应及应用 DCS,本书对从事 DCS 行业的工程技术人员也有很大的帮助。

思考与练习

1 - 1　目前国内常用的 PLC 品牌都有哪些?

1 - 2　控制系统的硬件平台都有哪些? 应用场合有什么区别?

1 - 3　请简述 PLC 的发展现状。

1 - 4　PLC 有哪些特点?

第 2 章
继电器—接触器控制系统

PLC 系统是由继电器控制系统发展而来的,本章以几个典型的继电器—接触器控制回路为主要论述对象,目的是使初学者能够熟练掌握常用低压电器的基本原理与作用,能够读懂并能绘制基本控制回路的电气原理图,为学习 PLC 系统奠定良好的基础。

2.1 单个电动机的点动控制

2.1.1 示例分析

点动控制回路常用于短时工作制电气设备或需要精确定位的场合,如门窗的开闭控制、吊车吊钩的移动控制等。点动控制基本环节一般是在接触器线圈中串接常开控制按钮,在实际控制线路中有时也用继电器常开触点代替按钮控制。

2.1.2 相关知识

1. 低压断路器

低压断路器(见图 2-1)也称为"自动空气开关",可用来接通和分断负载回路,也可用来控制不频繁启动的电动机。其功能相当于闸刀开关、过电流继电器、失压继电器、热继电器及漏电保护器等电器功能的总和,是低压配电网中一种重要的保护电器。

低压断路器具有多种保护功能(如过载、短路、欠电压保护等)、动作值可调、分断能力高、操作方便、安全等优点,所以目前被广泛应用。

1) 低压断路器的结构和工作原理

低压断路器的主触点为执行元件,用于接通和分断主回路,装有灭弧装置,脱扣器为感受元件,发生回路故障时,感测故障信号,经自由脱扣使主触点分断。自由脱扣机构用于联系操作机构和主触点,以实现断路器闭合、断开。低压

（a） （b）

图 2 - 1 低压断路器的外形图

断路器的结构及工作原理示意图如图 2 - 2 所示。

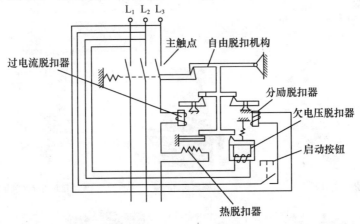

图 2 - 2 低压断路器的结构及工作原理示意图

低压断路器的主触点是靠手动操作或电动合闸的。主触点闭合后，自由脱扣机构将主触点锁在合闸位置上。过电流脱扣器的线圈和热脱扣器的热元件与主回路串联，欠电压脱扣器的线圈与电源并联。当回路发生短路或严重过载时，过电流脱扣器的衔铁吸合，使自由脱扣机构动作，主触点断开主回路；当回路过载时，热脱扣器的热元件发热使双金属片上弯曲，推动自由脱扣机构动作；当回路欠电压时，欠电压脱扣器的衔铁释放，也使自由脱扣机构动作；分励脱扣器则用于远距离控制，在正常工作时，其线圈是断电的，在需要远距离控制时，使线圈通电，衔铁带动自由脱扣机构动作，使主触点断开，主要用于远距离使开关分闸，从而断开回路。

2）低压断路器的图形及文字符号（见图 2 - 3）

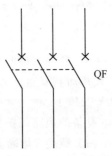

图 2 - 3 低压断路器的
图形及文字符号

2. 熔断器

熔断器俗称"保险丝(FU)",是一种在电流超过规定值一定时间后,以其自身产生的热量使熔体熔化而分断回路的电器,可防止回路短路和过电流,广泛应用在低压配电系统及用电设备中。

熔断器主要由熔体、安装熔体的熔管和熔座三部分组成。使用时,将熔断器串联在被保护回路的首端。当过载或短路电流通过熔体时,熔体自身因发热而熔断,从而对电力系统、各种电工设备和家用电器都起到了一定的保护作用。熔断器具有"反时延特性",当过载电流小时,熔断时间长;当过载电流大时,熔断时间短,因此在一定的过载电流范围内,熔断器不会熔断,可以继续使用。

1)常用的熔断器

常见的熔断器有 RC 系列瓷插式熔断器、RL 系列螺旋式熔断器、RM 系列无填料封闭管式熔断器、RT 系列有填料封闭管式熔断器、RS 系列快速熔断器和RZ 系列自恢复熔断器。

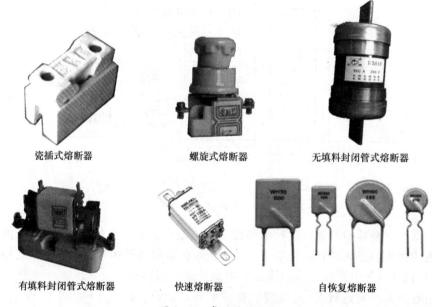

瓷插式熔断器　　　　　螺旋式熔断器　　　　无填料封闭管式熔断器

有填料封闭管式熔断器　　　快速熔断器　　　　自恢复熔断器

图 2-4　常用的熔断器

(1)瓷插式熔断器。瓷插式熔断器的特点是结构简单,价格低廉,更换方便,使用时将瓷盖插入瓷座,拔下瓷盖便可更换熔丝。它主要应用在额定电压380V 及以下、额定电流为 5～200A 的低压线路末端或分支回路中,作为线路和用电设备的短路保护器件,在照明线路中还可起过载保护作用。

(2).螺旋式熔断器。螺旋式熔断器的特点是熔管内装有石英砂、熔丝和带小红点的熔断指示器,其中石英砂用以增强灭弧性能,熔丝熔断后有明显指示。它主要应用在交流额定电压 500V、额定电流 200A 及以下的回路中,作为短路保护器件。

（3）无填料封闭管式熔断器。无填料封闭管式熔断器的特点是熔断管为钢纸制成，两端为黄铜制成的可拆式管帽，管内熔体为变截面的熔片，更换熔体较方便。它主要应用在交流额定电压 380V 及以下、直流额定电压 440V 及以下、电流 600A 以下的电力线路中。

（4）有填料封闭管式熔断器。有填料封闭管式熔断器的特点是熔体为两片网状紫铜片，中间用锡桥连接，熔体周围填满石英砂起灭弧作用。它主要应用在交流 380V 及以下、短路电流较大的电力输配电系统中，作为线路和电气设备的短路保护及过载保护器件。

（5）快速熔断器。快速熔断器的特点是在 6 倍额定电流时，其熔断时间不大于 20ms，熔断时间短，动作迅速。它主要用于半导体硅整流元件的过电流保护。

（6）自恢复熔断器。自恢复熔断器的特点是在故障短路电流产生的高温下，其中的局部液态金属钠迅速气化而蒸发，阻值剧增，即瞬间呈现高阻状态，从而限制了短路电流。在故障消失后，温度下降，金属钠蒸气冷却并凝结，自动恢复至原来的导电状态。熔断器主要用在交流 380V 的回路中与断路器配合使用。其电流有 100A、200A、400A、600A 四个等级。

图 2-5　熔断器的图形和文字符号

2）熔断器（FU）在回路中的符号（见图 2-5）

3. 主令电器

控制系统中，主令电器是一种专门发布命令，直接或通过电磁式电器间接作用于控制回路的电器，常用来控制电力拖动系统中电动机的启动、停车、调速及制动等。

常用的主令电器有按钮开关、行程开关、接近开关、万能转换开关、脚踏开关、紧急开关和钮子开关等。这里仅介绍与 PLC 联系紧密的按钮开关和万能转换开关。

1）按钮开关

按钮开关是一种结构简单、使用广泛的手动主令电器，在电气自动控制回路中，用于手动发出控制信号，接通或断开小电流的控制回路；也可以与接触器或继电器配合，对电动机实现远距离的自动控制。从剖面结构图（见图 2-6）可看到，按钮开关由按钮帽、复位弹簧、桥式触点和外壳等组成，通常做成复合式，即具有常闭触点和常开触点。按下按钮时，先断开常闭触点，后接通常开触点；按钮释放后，在复位弹簧的作用下，先断开常开触点，后接通常闭触点。

通常，在无特殊说明的情况下，有触点电器的触点动作顺序均为"先断后合"。

单钮开关只有一组常开触点（动合触点）和常闭触点（动断触点），除此之外还有双钮开关和三钮开关等。图 2-7 是按钮开关的图形和文字符号。

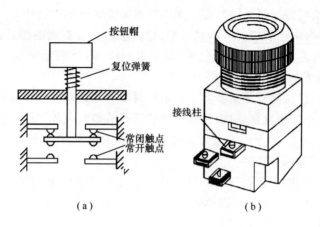

（a）　　　　　　　　　　（b）

图 2 - 6　按钮的开关的结构图和外形图

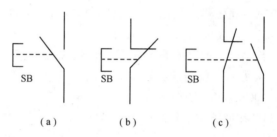

（a）　　　　（b）　　　　（c）

图 2 - 7　按钮开关的图形和文字符号

（a）常开按钮；（b）常闭按钮；（c）复合按钮。

其中，常开按钮多用于设备的启动，带有常开触点，手指按下按钮帽，常开触点闭合；手指松开，常开触点断开，常开按钮的按钮帽采用绿色。常闭按钮多用于设备的停机，带有常闭触点，手指按下按钮帽，常闭触点断开；手指松开，常闭触点闭合，常闭按钮的按钮帽采用红色。复合按钮带有常开触点和常闭触点，手指按下按钮帽，先断开常闭触点再闭合常开触点；手指松开，常开触点和常闭触点先后复位。

按钮的结构形式很多。紧急式按钮装有突出的蘑菇形钮帽，用于紧急操作；旋钮式按钮用于旋转操作；指示灯式按钮在透明的钮帽内装有信号灯，用于信号指示；钥匙式按钮须插入钥匙方可操作，用于防止误动作。为了明确按钮的作用，避免误操作，"按钮帽"通常采用不同的颜色以示区别，主要有红、绿、黑、蓝、黄和白等颜色。一般停止按钮采用红色，启动按钮采用绿色；自锁开关是在第一次按按钮开关时，开关接通并保持，即自锁；在第二次按按钮开关时，开关断开，同时开关按钮弹出来。

2）万能转换开关

万能转换开关（见图 2 - 8）是一种具有多个档位、具有多对触点（多段式）

的能够控制多个回路的电器元件,主要用于回路转换,也可用于小容量电动机的启动、换向及调速。

万能转换开关的手柄有普通型、旋钮型、钥匙型和带信号灯型等多种形式,其操作方式有自复式和定位式两种。操作手柄至某一位置,当手松开后,自复式转换开关的手柄自动返回原位;定位式转换开关的手柄保持在该位置上。手柄的操作位置以角度表示,一般有 30°、45°、60°、90° 等,根据型号不同而有所不同。

图 2 - 8　万能转换开关

万能转换开关的文字符号为 SA,在图形符号中,触点下方虚线上的"·"表示当操作手柄处于该位置时,该对触点闭合;若虚线上没有"·",则表示当操作手柄处于该位置时该对触点处于断开状态。为了更清楚地表示万能转换开关的触点分合状态与操作手柄的位置关系,在机电控制系统图中经常把万能转换开关的图形符号和触点接线表结合使用,如图 2 - 9 所示。在触点接线表中,用"×"来表示手柄处于该位置时触点处于闭合状态。

一般地,万能转换开关安装在设备就地控制箱面板上,用于就地与远方控制方式的切换。

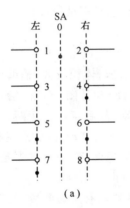

触点	位置		
	左	0	右
1-2		×	
3-4			×
5-6	×		×
7-8	×		

(a)　　　　　　　　(b)

图 2 - 9　万能转换开关的图形文字符号和触点接线表

4. 接触器

接触器是一种用于中远距离频繁地接通与断开交直流主回路及大容量控制回路的一种自动开关电器。其主要控制对象是电动机,也可用于电热设备、电焊机和电容器组等其他负载。接触器具有欠(零)电压保护功能,其特点是控制容量大、过载能力强、寿命长、设备简单经济等,是电力拖动自动控制线路中使用最广泛的电气元件。常用的接触器可分为交流接触器和直流接触器两类。

1）接触器的结构和工作原理

图 2-10 为接触器的工作原理图,它主要由电磁机构、触点系统和灭弧装置组成。

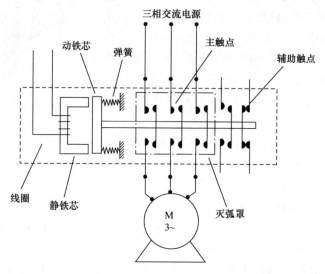

图 2-10 交流接触器的工作原理图

（1）电磁机构。电磁机构由电磁线圈、铁芯和衔铁组成,其功能是操作触点闭合或断开。

（2）触点系统。触点系统包括主触点和辅助触点。其中,主触点用在通断电流较大的主回路中,一般由三对常开触点组成,体积较大;辅助触点用于通断小电流的控制回路,体积较小,它由常开(动合)和常闭(动断)触点组成。在电磁机构中的常开触点是指线圈未通电时,其动、静触点是处于断开状态的,在线圈通电后就闭合。常闭触点是指在线圈未通电时,其动、静触点是处于闭合状态的,在线圈通电后就断开。复合触点在线圈通电时,常闭触点先断开,常开触点后闭合;线圈断电时,常开触点先断开,常闭触点后闭合。

（3）灭弧装置。容量在 10A 以上的接触器都有灭弧装置,常采用纵缝灭弧罩及栅片灭弧结构。

（4）其他部分。其他部分包括弹簧、传动机构、接线柱和外壳等。电磁式交流接触器的工作原理如下:在电磁线圈通电后,铁芯被磁化产生磁通,由此在动铁芯气隙处产生电磁力将衔铁吸合,主触点在动铁芯的带动下闭合,接通主回路。同时动铁芯还带动辅助触点动作,常开辅助触点首先闭合,接着常闭辅助触点断开。电磁线圈断电后,在反力弹簧的作用下衔铁释放,主触点、辅助触点又恢复到原来的状态。

直流接触器的结构和工作原理与交流接触器基本相同,仅电磁机构方面有所不同。

2）接触器的图形及文字符号

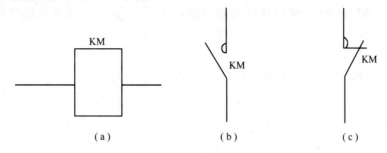

（a）　　　　　　　　（b）　　　　　　　　（c）

图 2－11　接触器的图形及文字符号
（a）线圈；（b）常开触点；（c）常闭触点。

5.　热继电器

热继电器（FR）主要用于电力拖动系统中电动机的过载保护。电动机在实际运行过程中，如拖动生产机械的工作过程中，若机械出现堵转或负载突然加大等不正常情况，则电动机过载，转速下降，绕组中的电流将增大，使电动机的绕组温度升高。若过载电流没超过允许的最大电流且过载的时间较短，如电动机的初始启动过程，则绕组不超过允许温升，这种过载是允许的；但若过载时间长，过载电流大，电动机绕组的温升就会超过允许值，使电动机的绕组老化，缩短电动机的使用寿命，严重时甚至会使电动机的绕组烧毁，这种过载是电动机不能承受的。热继电器就是利用"电流的热效应"原理，在出现电动机不能承受的过载时切断电动机回路，为电动机提供过载保护的电器。

1）热继电器的结构和工作原理

热继电器主要由热元件、双金属片和触点组成。其中，热元件由发热电阻丝做成，双金属片由两种热膨胀系数不同的金属碾压而成。使用时，把热元件串联在电动机的主回路中，而常闭触点串联在电动机的控制回路中。热继电器的工作原理如图 2－12 所示。当双金属片受热时，会出现弯曲变形，当电动机正常运

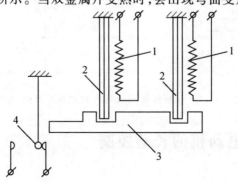

图 2－12　热继电器的工作原理图
1—热元件；2—双金属片；3—导板；4—触点。

行时,热元件产生的热量能使双金属片弯曲,但还不足以使热继电器的触点动作。当电动机过载时,通过热继电器中的电流增大,使双金属片的温度快速升高,弯曲位移增大,推动导板使常闭触点断开,从而使接触器断电,切断电动机的控制回路,从而起到保护作用。

2）热继电器的图形及文字符号(见图 2 – 13)

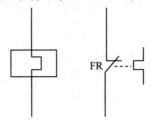

图 2 – 13　热继电器的图形及文字符号

2.1.3　示例展示

示例一:单个电动机的点动控制如图 2 – 14 所示。主回路由断路器、熔断器和接触器主触点组成,控制回路由熔断器、按钮和接触器线圈组成。

合上电源开关(断路器 QF),按下常开按钮 SB1,其常开触点闭合,使接触器 KM1 的线圈通电,铁芯中产生磁通,主回路接触器 KM1 的动铁芯在电磁吸力的作用下,迅速带动常开触点闭合,三相电源接通,电动机开始运行;松开 SB1 时,其常开触点断开,接触器 KM1 的线圈失电,在复位弹簧的作用下,主回路中 KM1 触点断开,电动机停止运行。

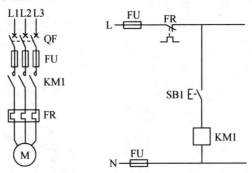

图 2 – 14　电动机点动控制的主回路及控制回路

2.2　单个电动机的长动控制

2.2.1　示例分析

示例一中介绍了电动机的点动控制,在此基础上,如果要实现电动机的连续运行,应对点动控制线路进行改造。为了防止电动机发生过载,烧坏绕组,还要增加过载保护。自锁控制常被使用在电动机需要连续运行的工业控制系统中。

2.2.2　相关知识

接触器自锁控制又叫"自保持",就是通过启动按钮(点动)启动后,依靠接触器自身的辅助触点来使其线圈保持通电的状态。

2.2.3　示例展示

示例二:主回路图与示例一相同,控制回路如图 2 - 15 所示。

接通电源开关 QF,只要按下启动按钮 SB1(常开按钮),接触器 KM1 的线圈得电,在电磁力的作用下,主回路中的接触器 KM1 常开触点及辅助常开触点均闭合,此时即使松开 SB1,接触器 KM1 的线圈都会一直通电,电动机连续运行。需要停机时,按下停机按钮 SB2(常闭按钮),使接触器 KM1 的线圈失电,接触器 KM1 所有触点断开,切断主回路和控制回路,电动机停止运行。

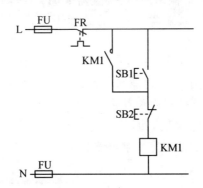

图 2 - 15　单个电动机长动控制回路图

2.2.4　知识拓展

1.　长信号和短信号

按下按钮 SB1 后松开,如果 SB1 没有自锁功能,按钮会复位,这种信号叫作"短信号";如果 SB1 具备自锁功能,按钮会一直保持接通状态,除非再按一下按钮,按钮才会复位,这种信号叫作"长信号"。在一般的控制回路中,一般用短信号进行控制,即需要启、停两个按钮;如果采用长信号,即启、停仅需一个按钮,此时控制回路的可靠性差,故很少使用。

2.　单个电动机的点动与长动控制

在实际生产过程中,往往需要既可以点动又可以长动的控制线路。其主回路相同,控制回路修改如图 2 - 16 所示。

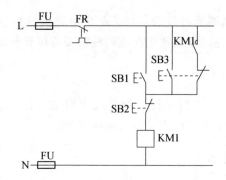

图 2-16　单个电动机的点动与长动控制回路图

其中,SB1 为长动启动按钮,按下 SB1,接触器 KM1 的线圈通电,辅助常开触点闭合,形成自锁回路,主回路通电,即使 SB1 松开,主回路中仍有电;按下 SB2,主回路断电。

SB3 为点动启动按钮,按下 SB3,复合触点的常闭触点先断开自锁回路,常开触点后闭合接通启动控制回路,接触器 KM1 的线圈通电,主触点闭合,电动机运行,松开 SB3 后,接触器 KM1 的线圈失电,主触点断开,电动机停止运行。

不用复合按钮,采用中间继电器也可实现这一功能,如图 2-17 所示。利用长动启动按钮 SB1 控制中间继电器 KA,KA 的常开触点并联在 SB2 两端,控制接触器 KM1,再控制电动机实现长动运行;当需要停转时,按下 SB3 按钮即可。当需要点动运行时,按下 SB2 按钮即可。

中间继电器 KA 一般使用电磁继电器。

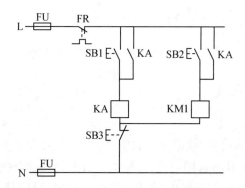

图 2-17　中间继电器实现单个电动机的点动与长动控制回路图

3. 电磁式继电器

继电器是一种根据电气量(如电压、电流等)或非电气量(如温度、压力、转速、时间等)的变化接通或断开控制回路,以实现自动控制和保护电力拖动装置的电器。

继电器的种类繁多,按照工作原理可分为电磁式继电器、时间继电器、热继电器和速度继电器等。下面仅介绍几种常见的电磁式继电器。

1)结构和工作原理

图 2-18 所示为电磁式继电器的典型结构。电磁式继电器由电磁机构和触点系统两个主要部分组成。其中,电磁机构由线圈 10、铁芯 2 和衔铁 6 组成;触点系统因其触点都接在控制回路中,且电流小,故不装设灭弧装置。它的触点有动合和动断两种形式。另外,为了实现继电器动作参数的改变,继电器一般还具有改变弹簧松紧和改变衔铁打开后气隙大小的装置,即调节螺钉 5。

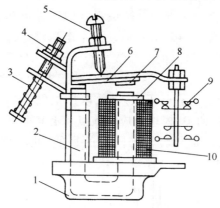

图 2-18　电磁式继电器的典型结构

1—底座;2—铁芯;3—释放弹簧;4—调节螺母;5—调节螺钉;
6—衔铁;7—非磁性垫片;8—极靴;9—触点系统;10—线圈。

当通过线圈 10 的电流超过某一定值时,电磁吸力大于反作用弹簧力,衔铁 6 吸合并带动绝缘支架动作,使动断触点 9 断开,动合触点闭合。通过调节螺钉 5 来调节反作用力的大小,即调节继电器的动作参数值。

2)继电特性

继电器的主要特性是输入—输出特性,又称"继电特性",继电特性曲线如图 2-19 所示。在继电器的输入量 X 由 0 增至 X_0 以前,继电器的输出量 Y 为 0。当输入量 X 增加到 X_0 时,继电器吸合,输出量为 Y_1;若 X 继续增大,Y 保持不变。当 X 减小到 X_r 时,继电器释放,输出量由 Y_1 变为 0;若 X 继续减小,Y 值均为 0。

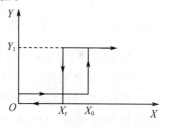

图 2-19　继电特性图

3)分类

按输入信号的性质,电磁式继电器可分为电压继电器和电流继电器;按用途,电压继电器又可分出一类——中间继电器。电磁式继电器的分类如表 2-1 所列。

表 2-1 不同用途的电磁式继电器

名　称	主 要 用 途
电压继电器	用于电动机失压或欠压保护以及控制信号的转换与隔离
中间继电器	加在某一电器与被控回路之间,以扩大前者的触点数量和容量
电流继电器	电动机的过载、短路保护以及直流电动机的磁场控制及失磁保护

在 PLC 系统中,常常用到电压继电器对控制信号进行转换与隔离,如 PLC 系统的输入、输出信号。如图 2-20 所示,在输入信号端,由于一些现场信号不是 PLC 系统的 DI(数字量输入)模块规定的输入电压,不能直接送入 PLC 的 DI 模块,这时可让现场输入信号驱动一个电压继电器,将电压继电器的线圈接现场电压信号,常开触点的一端接入查询电压(PLC 系统的 DI 模块规定的输入电压,如图 2-20 中的 +24V),另一端接入 PLC 系统的 DI 输入模块。当现场信号为"1",即现场有电压输入时,电压继电器的线圈得电,常开触点闭合,对应的 PLC 系统的 DI 模块相应输入点就有信号输入,这样就达到了现场电压信号与输入电压信号转换与隔离的目的,此时该电压继电器也称为"输入隔离继电器"。

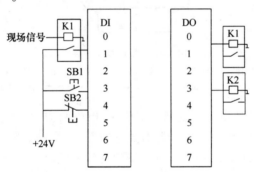

图 2-20 输入(左)与输出(右)隔离继电器原理

在 PLC 系统的输出信号端,也需用到电压继电器的隔离功能,该继电器叫作"输出隔离继电器"。PLC 系统的输出模块接输出隔离继电器的线圈,并把该继电器的常开触点或常闭触点串联在 PLC 系统的二次回路中,以控制接触器的线圈是否得电,进而控制一次回路是否接通。关于 PLC 的一次回路与二次回路的相关知识会在下一章中讲述。

电流继电器与电压继电器的区别主要是线圈参数不同,前者为检测电流,一般线圈要与负载串联,因而匝数少而线径粗,以减小产生的压降;后者要检测负载电压,故线圈要与负载并联,需要电抗大,故线圈匝数多而线径细。

电磁式继电器的动作参数可根据要求在一定范围内进行整定,如表 2-2 所列。

表 2-2 电磁式继电器的整定参数

类型	电流种类	可调参数	调整范围
电压继电器	直流	动作电压	吸合电压 $(30\% \sim 50\%)U_e$ 释放电压 $(7\% \sim 20\%)U_e$
过电压继电器	交流	动作电压	$(105\% \sim 120\%)U_e$
欠电流继电器	直流	动作电流	吸合电流 $(30\% \sim 65\%)I_e$ 释放电流 $(10\% \sim 20\%)I_e$
过电流继电器	交流	动作电流	$(110\% \sim 350\%)I_e$
	直流		$(70\% \sim 300\%)I_e$

注:U_e 和 I_e 分别指额定电压及额定电流。

4) 图形符号及文字符号

常用电磁式继电器的图形符号及文字符号如图 2-21 所示。

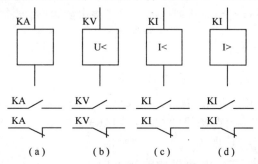

图 2-21 常用电磁式继电器的图形符号及文字符号

(a)中间继电器;(b)欠压继电器;(c)欠电流继电器;(d)过电流继电器。

4. 干接点信号

干接点也称"无源触点",具有闭合和断开两种状态。干接点的两个接点间没有极性,可以互换。常见的干接点信号有以下几种。

(1) 各种开关,如限位开关、行程开关、脚踏开关、旋转开关、温度开关和液位开关等;

(2) 各种按键;

(3) 各种传感器,如火灾报警传感器、玻璃破碎传感器、振动传感器、烟雾和凝结传感器等;

(4) 继电器的常开和常闭触点。

与干接点相对应的是"湿接点",它是一种有源触点,触点的一侧带电,具有有电和无电两种状态。湿接点的两个接点之间有极性,不能反接。在工业控制领域中,采用干接点要远远多于湿接点,这是因为干接点有以下优点:

(1) 不必考虑极性,容易接入,降低工程人员要求,加快工程进度;

（2）具有电隔离作用；

（3）连接干接点的导线即使长期短路也不会损坏本地的控制设备和远方的设备；

（4）接入容易，接口容易统一。

2.3　单个电动机的正反转控制

2.3.1　示例分析

各种生产机械常常要求可以进行上下、左右和前后等相反方向的运动，如机床工作台的前进与后退，主轴的正转与反转，起重机吊钩的前进与后退等，这就要求电动机能够正、反向运转。在示例二电动机长动控制的基础上，对控制回路进行适当改变，就可实现单个电动机正反转的手动控制。对于三相交流电动机，将三相交流电的任意两相对换即可改变定子绕组的相序，实现电动机反转。

2.3.2　相关知识

1. 三相异步电动机可逆运转的实现

图 2-22 是三相异步电动机的正、反转主回路图。图中，KM1、KM2 分别为正、反转接触器，其主触点接线的相序不同，KM1 按 U–V–W 相序接线，KM2 按 W–V–U 相序接线，即将 U、W 两相对调，所以两个接触器分别工作时，电动机的旋转方向不一样，从而实现电动机的可逆运转。

2. 接触器互锁的正反转控制回路

图 2-23 的回路图虽然可以完成正、反转的控制任务，但这个线路有重大缺陷，按下正转按钮 SB1 后，KM1 通电并且自锁，接通正序电源，电动机正转。若发生错误操作，在电动机正转时按下反转按钮 SB2，KM2 通电并且自锁，此时在主回路中将发生 U、W 两相电源短路的事故。

为了避免上述事故的发生，就要求保证两个接触器不能同时工作，必须相互制约，这种在同一时间里两个接触器只允许一个工作的制约控制作用称为"互锁"。图 2-24 为带互锁保护的正、反转控制回路，两个接触器的常闭辅助触点串入对方线

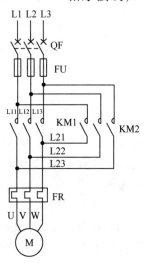

图 2-22　三相异步电动机的正反转主回路

圈，这样当按下正转启动按钮 SB1 时，正转接触器 KM1 的线圈通电，主触点闭合，电动机正转。与此同时，由于 KM1 的常闭辅助触点断开而切断了反转接触

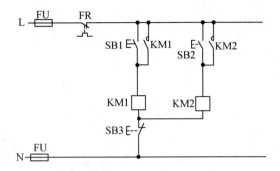

图 2－23　三相异步电动机的正反转控制回路

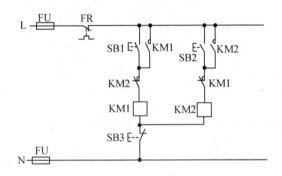

图 2－24　带互锁保护的正、反转控制回路图

器 KM2 的线圈回路,此时再按反转启动按钮 SB2,也不会使反转接触器的线圈通电工作。同理,在反转接触器 KM2 动作后,也保证了正转接触器 KM1 的线圈回路不能再工作。

2.4　知识拓展

2.4.1　联锁与互锁

1. 联锁

在机床的控制过程中,经常要求电动机有顺序地启动,如某些机床主轴必须在液压泵工作后才能工作;龙门刨床的工作台移动时,导轨内必须有足够的润滑油,在铣床的主轴旋转后,工作台方可移动等,它们都存在联锁关系。

图 2－25 所示是两台电动机手动顺序启动回路,KM1 是电动机 M1 的启动控制接触器,KM2 控制电动机 M2。从图(b)可以看出,接触器 KM1 的线圈串联了接触器 KM2 的常开触点,因此此常开触点在接触器 KM1 线圈回路上设置了一个断点,只有启动 M2 后,M1 才能启动。按下停止按钮 SB3 时,电动机 M1、M2 同时停止。KM2 的常开触点在此回路上就起到了联锁控制接触器 KM1 线

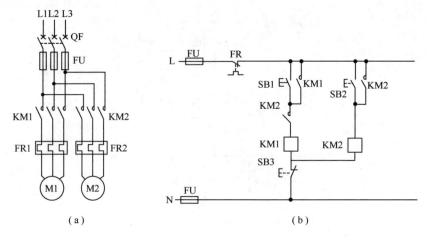

图 2-25　两台电动机手动顺序启动回路

圈的作用,达到了顺序启动的目的。

2. 互锁

互锁实际上是一种联锁关系,之所以这样称呼,是为了强调触点之间的互相作用。例如,图 2-24 中电动机的正反转控制中,KM1 动作后,它的常闭触点就将 KM2 接触器的线圈通电回路断开,这样就抑制了 KM2 动作,反之亦然。此时,KM1 和 KM2 的两对常闭触点就常被称为"互锁"触点。这样可保证正反向接触器 KM1 和 KM2 的主触点不能同时接通,以防止电源短路。此外,若要求两台电动机 M1 和 M2 不准同时运转,这样的控制回路中也会用到互锁设计。

2.4.2　电路保护的几种常见类型

保护电路是所有电气控制系统不可缺少的组成部分,利用它来保护电动机、电网、电气控制设备和人身安全等。常用的保护电路有短路保护、过载保护、零压和欠压保护等电路。

1. 短路保护

电动机绕组(或导线)的绝缘损坏或者线路发生故障时,会造成短路现象,产生的短路电流将引起电气设备的绝缘损坏,而产生的强大电动力也会使传动设备损坏。因此,在发生短路现象时,必须迅速地将电源切断。常用的短路保护电器有熔断器和断路器。

1) 熔断器保护

熔断器的熔体串联在被保护的回路中,当回路发生短路或严重过载时,熔体自行熔断从而切断回路,达到保护的目的。

2) 断路器保护

断路器通常有过电流、过载和欠电压保护等功能,这种开关能在回路发生上述故障时快速自动地切断电源,它是低压配电的重要保护电器之一。

2. 过载保护

电动机长期超载运行,其绕组的温升将超过允许值,于是它的绝缘材料就要变脆,寿命缩短,严重时会使电动机损坏。过载电流越大,超过允许温升的时间就越短。常用的过载保护元件是热继电器。热继电器可以满足这样的要求:当电动机中通过的是额定电流时,其绕组的温升为额定温升,热继电器不动作;当过载电流较小时,热继电器要经过较长的时间才动作;当过载电流较大时,热继电器则经过较短的时间就会动作。

由于热惯性的原因,热继电器不会受电动机短时过载电流或短路电流的影响而瞬时动作,因而在使用热继电器做过载保护的同时,还必须设有短路保护,并且选作保护电器的熔断器熔体的额定电流不应超过 4 倍热继电器热元件的额定电流。

3. 过电流保护

过电流保护广泛用于直流电动机或绕线转子异步电动机。过电流往往是因不正确的启动和过大的负载转矩而引起的,一般比短路电流要小。在电动机运行的过程中产生过电流要比发生短路的可能性更大,尤其是在频繁正反向启动、制动的重复短时工作制的电动机中更是如此。在直流电动机和异步电动机回路中,过电流继电器也起着短路保护的作用,一般过电流动作时的电流值为启动电流的 1.2 倍。

对于三相笼型异步电动机,由于其短时过电流不会产生严重后果,因而一般不采用过电流保护而采用短路保护。

4. 零压与欠电压保护

当电动机正在运行时,如果电源电压因某种原因消失,那么在电源电压恢复时,电动机可能会自行启动,这就可能造成生产设备的损坏,甚至造成人身事故。这种为了防止电压恢复时电动机自行启动的保护叫作"零压保护"。

当电动机正常运转时,电源电压过分地降低会引起一些电器释放,造成控制回路不能正常工作,可能产生事故;电源电压过分地降低也会引起电动机的转速下降甚至停转。因此,需要在电源电压降到一定值时将电源切断,这就是"欠电压保护"。在图 2-26 所示的回路中,当电源电压过低(欠电压)或消失(零压)时,欠电压继电器 KV 动作,其常开触点断开,使中间继电器 KA 的常开触点断开,因为此时转换开关 SA0 不在零位(未接通),所以紧接着 KM1 或 KM2 也马上断开,在电压恢复时,中间继电器 KA、接触器 KM1、接触器 KM2 也不会通电动作。若使电动机重新启动,必须先将转换开关 SA0 拨到零位,使 KA 线圈通电动作并自锁,然后将转换开关 SA1 打向正向或反向位置,电动机才能启动。这样就通过欠电压继电器 KV 和中间继电器 KA 实现了欠电压保护和零压保护。

短路保护——熔断器 FU;

过载保护(热保护)——热继电器 FR;

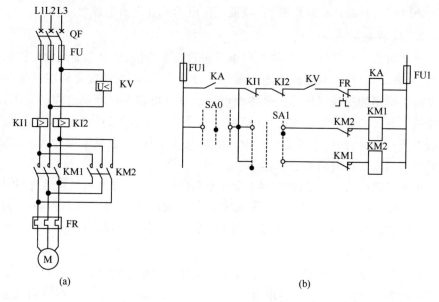

(a)   (b)

图 2 - 26   电动机常用保护电路主回路及控制回路

过电流保护——过电流继电器 KI1、KI2；

零压保护——中间继电器 KA；

欠电压保护——欠电压继电器 KV；

互锁保护——通过正向接触器 KM1 和反向接触器 KM2 的常闭触点实现。

此外,在采用断路器作为电源的引入开关时,其各种保护功能为系统设置了双重保护。

如果继电器控制系统中采用按钮操作,利用按钮的自复位作用和接触器的自锁作用,就不必另设零压保护继电器了。如图 2 - 27 所示,当电源电压过低或者断电时,接触器 KM 释放,此时接触器 KM 的主触点和辅助触点同时断开,使

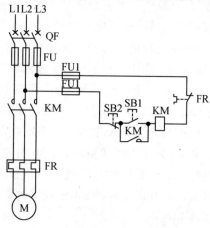

图 2 - 27   按钮操作的控制回路

电动机电源切断并失去自锁;当电源恢复正常时,操作人员必须重新按下启动按钮 SB1,才能使电动机启动,所以这样带有自锁环节的回路本身已兼备了零压保护环节。

2.5　常用电气设备的图形符号和文字符号

表 2－3 中列出了部分常用电气设备的图形符号和基本文字符号(摘自 GB/T 4728—2005),实际使用时如需要更详细的资料,可查阅有关国家标准。

表 2－3　常用电气设备的图形符号和文字符号表

名称		图形符号	文字符号
低压断路器			QF
熔断器			FU
按钮	启动		SB
	停止		
	复合		
接触器	线圈		KM
	主触点		

（续）

名称		图形符号	文字符号
接触器	常开辅助触点		KM
	常闭辅助触点		
热继电器	热元件		FR
	常闭触点		
继电器	中间继电器线圈		KA
	常开触点		相应继电器符号
	常闭触点		
万能转换开关			SA
信号灯			HL
三相笼型异步电动机			M

思考与练习

2-1　简述交流接触器在回路中的作用、结构和工作原理。

2-2　电气控制线路常用的保护环节有哪些? 通常它们各由哪些电器来实现其保护的?

2-3　电动机点动控制与连续控制的关键控制环节是什么?

2-4　常开触点串联或并联,在回路中分别起什么控制作用? 常闭触点串联或并联分别起什么控制作用?

2-5　短路保护和过载保护(热保护)有什么区别?

2-6　自锁和互锁各有什么作用? 画出带有热继电器过载保护的三相异步电动机正、反转启动、停止的控制回路及主回路。

2-7　试设计两台电动机 M1、M2 顺序启动、停止的控制回路,要求如下:

(1) M1、M2 能顺序启动,并能同时停机。

(2) M1 启动后 M2 启动,M1 可点动。

第3章
电气系统图

3.1　电气系统图的概念

"电气系统图"是用来表明供电线路与各设备的工作原理及其作用,相互之间关系的一种表达方式。它主要包括电气原理图、电气设备布置图、电气安装接线图等。

其中,电气原理图是用来表明电气控制电路的工作原理及各电器元件的作用,相互之间关系的一种表示方式,一般由主电路(也称一次回路)和控制电路(也称二次回路)组成。

电气设备布置图主要用来表明各种电气设备在电气控制柜中的实际安装位置,为控制设备的制造、安装、维护、维修提供必要的资料。

电气安装接线图用来表明电气设备中各个零部件的端口、端口的导线电缆、接线排的编号,以此来指导对设备进行合理的接线安装,便于日后维修人员尽快地查找故障。

电气系统图的绘制原则:

(1) 必须遵循相关国家标准绘制电气系统图。

(2) 各电器元器件的位置、文字符号必须和电气原理图中的标注一致,同一个电器元件的各部件(如同一个接触器的触点、线圈等)必须画在一起,各电器元件的位置应与实际安装位置一致。

(3) 不在同一个安装板或电气柜上的电器元件或信号的电气连接一般应通过"端子排"按照电气原理图中的接线编号连接。

(4) 走向相同、功能相同的多根导线可用"单线"或"线束"表示。画连接线时,应标明导线的规格、型号、颜色、根数和穿线管的尺寸。

本章重点讲述电气系统原理图,主要内容包括系统一次接线图、二次接线图,PLC系统与一次接线图及二次接线图的关系。

本章主要以"带式输送机"(皮带机)为对象,讲述其一次接线图、二次接线图,下面先对带式输送机进行简单介绍。

3.2　带式输送机

带式输送机是一种通过摩擦驱动以连续方式运输物料的机械,主要由机架、输送带、托辊、滚筒、张紧装置和传动装置等组成。它可以在一定的输送线上,从最初的供料点到最终的卸料点间形成一种物料的输送流程。它既可以进行碎散物料的输送,也可以进行成件物品的输送。除了进行纯粹的物料输送外,还可以与各工业企业生产流程中工艺过程的要求相配合,形成有节奏的流水作业运输线。

带式输送机具有输送量大、结构简单、维修方便、成本低、通用性强等优点,适用于输送易于掏取的粉状、粒状、小块状的低磨琢性物料及袋装料,如煤、碎石、砂、水泥、化肥、粮食等,广泛应用于现代化的各种工业企业中,如火电厂的输煤控制系统、矿山的井下巷道、矿井地面运输系统、露天采矿场及选矿厂。

图 3-1　某火电厂带式输送机

带式输送机要正常投运,除了要有完善的、可靠的、高性能的输送机外,现场传感器的选型、安装和维护也至关重要。一般安装有跑偏、拉绳、速度检测仪、料流等传感器,其头部落料管还安装有堵煤传感器。

1. 跑偏开关

跑偏开关又称"防偏开关",也叫两级跑偏开关,用于检测带式输送机运行中的跑偏现象,按皮带的实际跑偏量输出轻跑偏信号或重跑偏信号,其输出信号一般均为无源干接点。跑偏开关安装在距带式输送机头、尾 5m 左右(皮带较长时可在中间再加装若干对)的带式输送机机架上。轻跑偏信号及重跑偏信号进入 PLC 系统后,轻跑偏信号主要用于报警,提醒检修人员进行维修,重跑偏信号一般持续 2s 后 PLC 马上会进行系统停机。

带式输送机的各个跑偏开关一般通过接线盒对各自输出干接点进行并联,信号汇总后接至 PLC 系统,也可在就地控制箱的接线端子上进行并联。

2. 拉绳开关

拉绳开关俗称"紧急停机开关"。当现场巡检人员需要现场紧急停机时,拉动拉绳开关旁边的钢丝绳,通过开关动作使输送机停机,其输出信号一般为无源干接点,目前一般采用自动复位。拉绳开关的安装视带式输送机的长度而定,长度在 70m 内的带式输送机,安装在带式输送机的中间;长于 70m 的带式输送机,安装在距带式输送机的头、尾 20m 处,其余拉绳开关的安装原则是:两个开关之间的距离约为 60m。

带式输送机的各个拉绳开关一般通过接线盒对各自的输出干接点进行并联,信号汇总后接至 PLC 系统,也可在就地控制箱的接线端子上进行并联。

3. 速度检测仪

在每条带式输送机的头部安装一套速度检测仪,可用于带式输送机运行速度的监测,当被监测的运输皮带的运行速度低于预先设定值的 80% 时,它能发出打滑信号,PLC 系统会控制带式输送机马上停机。一般输出两个干接点信号:速度及打滑。

4. 堵煤传感器

堵煤传感器的安装视现场情况而定。此装置用于检测带式输送机系统中的溜槽堵塞,其输出信号持续 2s 后,PLC 系统会控制带式输送机马上停机。

3.3 一次接线图

3.3.1 基本概念

一次接线图也称"主接线图"及"主回路图",有时也称"一次回路",是指在发电厂、变电所、电力系统中,为了满足预定的功率传送和运行等要求而设计的、表明高压电气设备之间连接关系的传送电能的电路。电路中的高压电气设备包括电动机、变压器、母线、断路器、隔离刀闸、线路等。在电气线路中,属于一次接线图中的设备,如开关、断路器、交流接触器、互感器等叫一次设备。

在电动机控制回路中,典型的 380V 电动机一次接线图如图 3 - 2 所示,主要包括断路器、交流接触器和电动机综合保护器等。

3.3.2 基本工作原理

电动机启动前首先合上断路器,二次回路控制交流接触器吸合后,三相电动机开始启动。启动后,电动机的三相电流通过电动机智能保护器(FM)所带的交流互感器进行实时测量,三相电压直接通过微型断路器合闸后接入电动机智能保护器。在电动机出现过流、堵转、缺相、三相不平衡、过压、接地、过载和短路等故障时,电动机智能保护器的常开触点 23 - 24 吸合,常闭触点 27 - 28 断开,常闭触点 27 - 28 串入二次回路。

当常闭触点 27 - 28 断开后电动机马上停机,常开触点 23 - 24 作为反馈信号,进入 PLC 系统;电动机智能保护器把电动机电流信号变为 4~20mA 送至 PLC 系统。

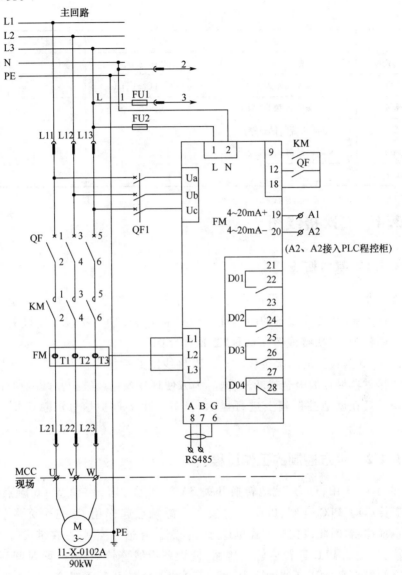

图 3-2　带式输送机典型一次接线图

3.3.3　主要元器件

一次接线图的主要元器件清单见表 3-1,其中 FU1、FU2 主要是二次回路及电动机智能保护器的短路保护器。断路器 QF 发生故障跳闸后,电动机已停机,该故障跳闸触点(SDE)进入 PLC 系统,PLC 系统使二次回路跳闸触点断开,交流接触器断电,使系统恢复到初始待启动状态,从而可安全地对断路器 QF 进行检修。

表 3 - 1　一次接线图的主要元器件清单

符　号	名　　称	形　　式	数　量	单　位
QF	断路器	施耐德	1	只
QF1	微型断路器	C65N - 1C/3P,1A	1	只
KM	交流接触器	施耐德	1	只
FM	电动机智能保护器		1	套
SDE	断路器故障跳闸触点		1	只
FU1、FU2	熔断器	RT14 - 20/4A	2	只

3.4　二次接线图

3.4.1　基本概念

像控制回路中的继电保护装置、就地转换开关、按钮、指示灯及测量仪表等属于二次设备,用二次设备的图形符号和文字符号表明二次设备连接关系的电气接线图称为"二次接线图",或称"二次回路图"。

图 3 - 3 为典型的二次接线图。二次接线图的功能主要是控制一次接线图中交流接触器触点的吸合或断开,同时为方便现场操作及维护,对设备的运行状态用指示灯在就地控制箱上进行显示,设备的主要保护信号汇总后接入远方PLC 系统。

3.4.2　远方控制的工作过程

在图 3 - 3 中,远方/就地转换开关 SA 打到远方时,1 - 2、5 - 6 触点接通、PLC 警铃启动、PLC 合闸、PLC 跳闸三个无源触点起作用,该三个无源触点由PLC 系统控制,因此该控制方式也称远方控制。在远方控制时,在带式输送机启动之前,先控制 PLC 警铃启触点接通,使设备沿线警铃响起;一段时间后,PLC控制合闸触点吸合,KM 线圈带电,图 3 - 2 中 KM 常开触点吸合,电动机启动;同时,KA1 常开触点吸合,该信号称为运行信号,PLC 控制程序通过该信号使PLC 警铃启动触点及 PLC 合闸触点断开,电动机进入稳定运行状态;在运行过程中,如保护器保护触点动作、现场运行人员紧急拉绳(二次回路 LS 触点)时,二次回路马上使 KM 断电,电动机停机;如带式输送机发生撕裂、跑偏等故障或正常停机时,PLC 系统控制 PLC 跳闸常闭触点断开,KM 断电,电动机停机。

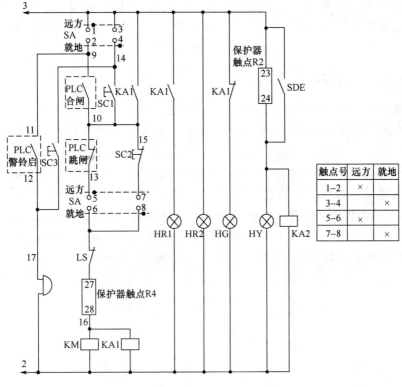

图 3 – 3　带式输送机典型二次接线图 1

触点号	远方	就地
1–2	×	
3–4		×
5–6	×	
7–8		×

3.4.3　就地控制的工作过程

在图 3 – 3 中,远方/就地转换开关 SA 打到就地时,3 – 4、7 – 8 触点接通,PLC 警铃启动、PLC 合闸、PLC 跳闸三个无源触点不起作用,此时,设备启停及现场警铃由 SC1～SC3 三个不带自锁的按钮控制,该方式称为“就地控制”,也称“硬手操”。与此相对应,在 PLC 系统的上位机监控画面上,通过设备的启、停按钮进行操作称为“软手操”。

在就地控制时,在带式输送机启动之前,先持续按住按钮 SC3,使设备沿线警铃响起,一段时间后,松开 SC3,按住 SC1,电动机启动;电动机启动后,松开 SC1,因 KA1 常开触点对启动回路进行了自保持,故设备会继续运行;在运行过程中,如保护器保护触点动作、现场运行人员紧急拉绳时,二次回路马上使 KM 断电,电动机停机;设备正常停机时,按住 SC2 按钮,常闭触点断开,KM 断电,电动机停机。

3.4.4　现场显示功能

在图 3 – 3 中,KM 吸合,同时中间继电器 KA1 也吸合,HR1 灯亮,该灯为运行状态指示灯,同理 HG 为停机指示灯。当主回路上电后,控制回路母线 3 及 2 有交流电源,HR2 灯会亮,该灯为电源指示灯。在运行过程中,当保护器的常开触点 23 - 24 吸合或 SDE 动作时,HY 灯亮,该灯为故障指示灯。

3.4.5　查询电压介绍

图 3 - 3 和图 3 - 4 合称"系统二次接线图"。图 3 - 4 为设备进入 PLC 系统的所有离散量输入点(DI),公共端 18 为 PLC 系统提供的查询电压。在火电厂输煤控制系统、码头运料系统等涉及带式输送机控制的系统,由于环境潮湿(水冲洗)、粉尘大、电磁干扰大等原因,所有输入信号进入 PLC 系统后,一般还采用输入隔离继电器对信号进行隔离,因此一般查询电压为 AC220V 或 DC110V,DC110V 最为常用。但在水处理、除灰系统中因电磁干扰影响很小,所有输入信号进入 PLC 系统后,一般不采用输入隔离继电器对信号进行隔离,因此查询电压一般与 PLC 离散量输入模块的工作电压等级相同,一般多为 DC24V。

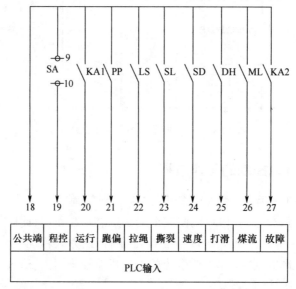

图 3 - 4　带式输送机典型二次接线图 2

3.4.6　二次接线图的作用

从图 3 - 3 和图 3 - 4 所示的系统二次接线图可以得到以下信息:

(1)该设备控制分为远方控制和就地控制,通过 SA 进行切换。

(2)采用 SC1 ~ SC3 按钮对设备进行就地控制,一般在设备调试阶段和故障维护阶段时使用。SC3 可采用带自锁的按钮,SC1、SC2 为不带自锁按钮。

(3)PLC 系统通过控制 PLC 警铃启动无源触点的吸合或断开来控制设备现场警铃。该信号为长信号,即警铃响时,该触点必须一直接通,一般通过定时器进行复位。

（4）PLC 系统通过控制 PLC 合闸、PLC 跳闸两个无源触点的吸合或断开来控制设备启停。由于二次接线图中采用 KA1 的常开触点对 SC1 及 PLC 合闸控制回路进行了自保持，因此就地合闸按钮 SC1 及 PLC 合闸信号均为短信号。在 PLC 编程时作如下考虑：在设备启动过程中，当运行信号返回时，PLC 合闸触点需断开；在设备停机过程中，当运行信号消失时，PLC 跳闸控制信号随即复位，PLC 跳闸常闭触点吸合，系统回到初始状态。

（5）设备 I/O 点的统计。通过二次接线图，可以看出该设备进入 PLC 系统的输入/输出点（I/O）为：①输入离散量（DI）：程控、运行、跑偏、拉绳、撕裂、速度、打滑、煤流、故障；②输出离散量（DO）：PLC 警铃启、PLC 合闸、PLC 跳闸；

通过一次接线图，可以看出该设备进入 PLC 系统的输入/输出点（I/O）为：

输入模拟量（AI）：电流信号（4～20mA）；

因此在进行 PLC 系统初步输入/输出点统计时，必须先详细查看每一设备的一次及二次接线图。

（6）在程控、运行、跑偏、拉绳、撕裂、速度、打滑、煤流、故障设备输入点中，其中程控、运行、速度、煤流为现场设备的状态反馈，主要用在 HMI 中进行监视。跑偏、拉绳、撕裂、打滑、故障为设备保护输入，当该五个信号返回查询电压时，PLC 系统应马上发跳闸指令，虽然拉绳信号已在二次回路中考虑，但为了可靠起见，PLC 系统也应发跳闸指令。

3.4.7　一次接线图与二次接线图的关系

一次接线图与二次接线图的关系如下：二次接线图通过控制交流接触器的吸合或断开来控制电动机的启动或停止，同时一次接线图主要保护触点串入二次接线图，使电动机发生故障时能可靠地停机。

3.5　电动机控制中心（MCC）控制柜

3.5.1　概念

MCC（Motor Control Center）控制柜，是指将接交流低压回路的电动机全套控制主回路设备，按一定规格系统装配成标准化的单元组件。每台组件控制相应规格的一台电动机，将此标准的单元组件装成柜体实现多台电动机的集中控制。一般每一面 MCC 柜含有若干个抽屉，每个抽屉就是一个电动机的控制主回路，控制主回路的设备（一次接线图）全部都装在抽屉中。对于图 3 - 2 所示的设备一次接线图，该设备抽屉中主要包括断路器、交流接触器、电动机综合保护器。

MCC 控制柜一般包括水平动力母线及垂直动力母线。水平动力母线为整个 MCC 组提供动力电源,一般材料为镀锌铜,在图 3 - 2 中,L1、L2、L3、N、PE 为水平动力母线;垂直动力母线为单个柜体提供动力电源,一般材料为镀锌铜,在图 3 - 2 中,L11、L12、L13 为垂直动力母线。

3.5.2　MCC 控制柜与 PLC 系统

MCC 控制柜需要大容量的动力电源,因此对于 6kV 及以上的电动机,因电压等级高,厂区配电站不可能建的太多。对于目前 2 × 1000MW 机组的火电厂,因用煤量大,带式输送机负荷大,所以带式输送机电动机一般选 6kV,甚至 10kV,此时整个厂区中 6kV 配电站一般为两个,即输煤系统一个,厂区主厂房一个,此时,所有高压设备的 MCC 控制柜一般放在输煤系统 6kV(或 10kV)配电室附近,MCC 的监视控制信号经控制电缆直接与 PLC 系统的主站相连。

对于常用的 AC380V MCC 控制柜,一般在系统设备比较集中的地方,配置若干面 MCC 柜,同时在 MCC 旁设置 PLC 系统的远程 I/O 站,MCC 的监视控制信号经控制电缆与 PLC 系统的远程 I/O 站控制柜连接,再由远程 I/O 站经现场总线与 PLC 系统主站通信。

3.5.3　智能 MCC 控制柜

随着网络技术、通信技术的不断发展及工业自动化领域对自动化控制水平的要求不断提高,由智能 MCC 构成的控制系统因其网络结构简单、可靠性高等特点,具有广泛应用前景。

"智能 MCC"是智能电动机控制中心的简称,是将网络技术、通信技术融入传统的电动机控制中心,将 MCC 中各回路单元通过网络与控制单元进行数据通信,从而将传统的 MCC 升级为智能 MCC。

智能 MCC 系统以通信的方式提供全面的管理诊断信息,使系统的电气设备状态数据透明化,实现自动实时地采集和分析。例如,可对能源的消耗情况进行测量、统计、分析,为电能消耗和成本结构优化提供依据;可为电气人员提供详细、明确的电气设备运行状况,使电气管理维护人员通过设备运行的数据进行有计划的设备维护和检修工作,从而提高维护人员的工作效率,节约备品备件及保养维护费用。智能 MCC 控制柜体结构合理,体积小,占地面积小于一般开关柜。

智能 MCC 配电系统的主回路配置和传统 MCC 的配置方式基本一致。智能 MCC 一次回路由"断路器 + 接触器 + 电动机智能保护器"组成。智能 MCC 的核心元件就是电动机智能保护器模块。智能 MCC 中的电动机智能保护器取代了传统的热保护元器件,简化了控制回路,对于电动机的保护有着更大的优势。

3.6　就地控制箱

3.6.1　就地控制箱的概念

就地控制箱一般安装在设备旁边,用于对设备进行就地控制,箱体的防护等级一般要求为 IP56,材质多为不锈钢或铸铝合金,带式输送机就地控制箱正面布置图如图 3 - 5 所示。

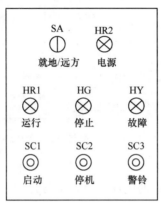

图 3 - 5　带式输送机就地控制箱正面布置图

在图 3 - 5 中,SA 为就地/远方转换开关,HR1、HG、HY 三个指示灯为就地设备的运行状态指示灯,HR2 为就地控制箱的电源指示灯,SC1 ~ SC3 为操作按钮,用于就地对设备进行操作。一般图 3 - 3 和图 3 - 4 中的二次设备全部安装在就地控制箱中,设备见表 3 - 2。

表 3 - 2　带式输送机就地控制箱元器件清单

符　号	名　　称	型　　号	数量	单位
SA	三位切换开关	XB2BD33C	1	只
SC1 ~ SC3	红自复位按钮	ZB2BA4C + ZB2BZ101C	3	只
HR1、HR2	红色指示灯	XB2BVM4LC AC220V	2	只
HG	绿色指示灯	XB2BVM3LC AC220V	1	只
HY	黄色指示灯	XB2BVM5LC AC220V	1	只
KA1、KA2	中间继电器	JZ - 7,AC220V,50Hz	2	只
	接线端子	UK2.5B	22	只

3.6.2　就地控制箱端子排接线图

就地控制箱首先要对设备的保护及状态反馈信号进行汇总,再统一通过一根控制电缆接至最近的 PLC 系统控制柜,同时接收 PLC 系统控制柜的三个无源触点的控制信号,即 PLC 警铃启动、PLC 合闸、PLC 跳闸。就地控制箱通过二次回路控制主回路的交流接触器吸合或断开,从而控制设备的启动或停机。就地控制箱与 MCC 控制柜、PLC 系统控制柜的电缆连接关系如图 3 - 6 所示。

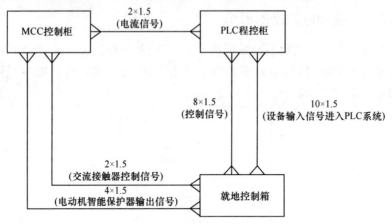

图 3 - 6 就地控制箱、MCC 控制柜、PLC 系统的电缆连接示意图

在图 3 - 6 中,MCC 控制柜到 PLC 程控柜之间有一根 2×1.5 电缆,用于把电动机智能保护器测量得到的电动机电流信号送到 PLC 系统中;MCC 控制柜到就地控制箱之间有两根电缆,其中一根(2×1.5)用于控制交流接触器的线圈,另一根(4×1.5)为电动机智能保护器的保护输出信号;PLC 程控柜到就地控制箱之间有两根电缆,其中一根 8×1.5 为 PLC 系统的三个无源触点信号,一根 10×1.5 为设备状态反馈及保护信号。就地控制箱的详细接线图如图 3 - 7 所示,在图 3 - 7 中,还有向就地保护装置提供工作电源的端子,这里不再画出。

3.6.3 本节总结

通过图 3 - 2 至图 3 - 7,设备的主控制回路设备安装在 MCC 柜中,设备的二次控制回路元器件安装在就地控制箱中。在一般低压(AC380V)电气控制系统中,基本上采用这种方式。但实际上,一般的设计原则是在考虑电缆施工简单的前提下,根据配电房的位置、MCC 控制柜的摆放位置、PLC 系统控制柜的布放位置,使控制电缆的用量最少。虽然主回路与控制回路的原理基本不变,但 MCC 控制柜与就地控制箱里的元器件在方案不同的情况下,数量、种类会大不相同。

例如,当 MCC 控制柜与 PLC 系统控制柜距离很近时,有时设备就地控制箱上面仅有就地/远方转换开关、启动按钮、停机按钮及现场设备状态反馈及保护信号汇总功能(有时采用就地端子箱),其余二次控制设备全部安放在 MCC 控制柜中。在 6kV 电动机或 10kV 电动机控制系统中,电动机智能保护功能更为复杂,PLC 系统不直接控制一次回路的交流接触器,而是仅提供合闸和跳闸两个干接点信号，其余电动机启、停的控制由电动机智能保护器完成。

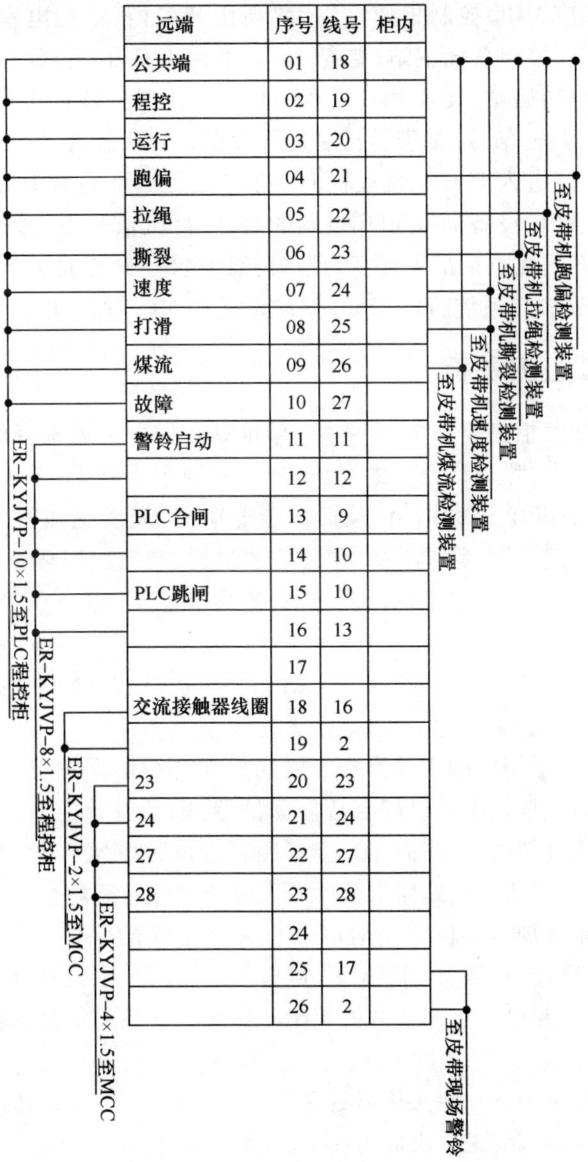
远端 序号 线号 柜内
公共端 01 18
程控 02 19
运行 03 20
跑偏 04 21
拉绳 05 22
撕裂 06 23
速度 07 24
打滑 08 25
煤流 09 26
故障 10 27
警铃启动 11 11
12 12
PLC合闸 13 9
14 10
PLC跳闸 15 10
16 13
17
交流接触器线圈 18 16
19 2
23 20 23
24 21 24
27 22 27
28 23 28
24
25 17
26 2
ER-KYJVP-10×1.5至PLC程控柜
ER-KYJVP-8×1.5至程控柜
ER-KYJVP-2×1.5至MCC
ER-KYJVP-4×1.5至MCC
至皮带机跑偏检测装置
至皮带机拉绳检测装置
至皮带机撕裂检测装置
至皮带机速度检测装置
至皮带机煤流检测装置
至皮带现场警铃

图 3-7　就地控制箱的端子排接线图

3.7　实例 1：某火电厂 10kV 带式输送机接线图

3.7.1　系统介绍

某火电厂机组容量为 2×1000MW，输煤系统带式输送机均采用 10kV 电动机,输煤系统配备有一个输煤 10kV 配电室,所有带式输送机的 MCC 控制柜均放在配电室中,该 MCC 控制柜通常称为"高压开关柜"。配电室的上层为输煤控制系统控制室,控制系统主站(包括 CPU、本地 I/O 柜)安放在控制室中。在输煤系统的各个转运站,设置 PLC 远程 I/O 柜。除带式输送机拉绳信号需接入 MCC 控制柜外,其他信号(如警铃控制信号及设备的状态及故障反馈信号、就地启动及停机按钮)进入 PLC 系统远程 I/O 柜。远程 I/O 柜与主站通过现场总线或以太网进行通信,设备远方 PLC 控制的启动、停机信号由主站直接接入 MCC 控制柜。该方案的优点是最大程度地节省控制电缆,缺点是就地启动及停机按钮信号需先进入 PLC 系统,再由 PLC 系统发送给 MCC 控制柜。

3.7.2 高压开关柜

单台高压开关柜由手车室、电缆室、母排室和控制室四部分组成,这四部分装在一面控制柜中,称为该设备的高压 MCC 控制柜。其中:手车室主要包括手车,手车主要起分断电源的作用,包括储能电动机、欠压脱扣器、高压真空断路器、合闸线圈、分闸线圈、限位开关、限位联锁机构、与二次回路连接的航空插头、门帘机构等;电缆室主要包括电流互感器、零序互感器、过电压吸收器、照明灯、加热器及带电显示器等;母排室是供电系统中总制开关与各分路电路中开关的连接铜排或铝排所处的电柜;控制室包括综合保护器、信号继电器、带电显示器及各种电器元件等。

高压 MCC 控制柜中的主要设备为电动机综合智能保护器和高压真空断路器。远方控制信号接入电动机综合智能保护器,电动机智能保护器控制高压真空断路器合闸或跳闸线圈,当高压真空断路器合闸线圈吸合时,断路器合闸,高压电动机启动;当高压真空断路器分闸线圈吸合时,断路器分闸,电动机停止。

电动机智能保护器的作用是对电动机进行全面的保护,在其出现过流、过载、欠流、断相、堵转、短路、过压、欠压、漏电及三相不平衡状态时立即停机,主要应用于风机、水泵和电动机等负载的控制与保护。其具有实时测量、保护、监控、显示和通信等功能。

电动机智能保护器一般采用微处理芯片作为处理器,运算速度快,并具有完善的通信功能和模拟变送输出能力,目前可在远方控制室通过控制软件对电动机智能保护器进行远程设置与监测控制,该系统一般叫电气控制系统。其具有性能可靠,操作方便,便于安装维护等优点。保护范围和灵敏度都比热继电器高,可以有效避免以往经常发生的例如电动机烧坏,热继电器却不动作的情况,是热继电器的理想升级产品。

3.7.3 高压开关柜主接线图

高压开关柜主接线图如图 3-8 所示。图中,Q1 为高压真空断路器,F31 为

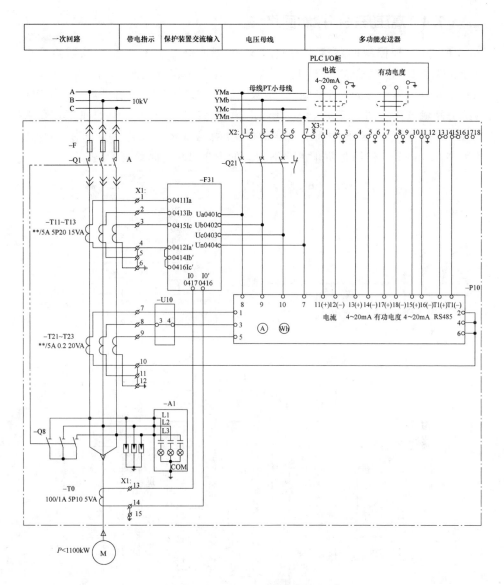

图 3-8　高压开关柜主接线图

电动机综合智能保护器。T11～T13 为电动机综合智能保护器自带的电流互感器,T21～T23 也为电流互感器,均用于实时测量电动机的三相电流。T21～T23 所检测的电动机实时三相电流接入多功能变送器 P10,用于对电动机的有功功率进行实时地计算,并把电流信号、有功电度传送给 PLC 系统,通过 RS485 接口传送给电气控制系统。U10 为安装在 MCC 控制柜面板上的数字式电流表,用于就地对电动机的电流进行实时地监控。A1 为带电显示器,Q1 闭合后灯亮。Q8、Q21 为普通微型断路器。

3.7.4 高压开关柜控制回路

高压开关柜控制回路接线图如图 3-9 所示。当 PLC 系统合闸触点闭合时,X5 端子 1-14 闭合,当 S3 打到远方,Q1 处在工作位置时,K7 吸合,手车内 K1E 中间继电器动作,合闸线圈 K1M 吸合,Q1 合闸,高压电动机启动;当 PLC 系统分闸触点闭合时,X5 端子 3-16 闭合,当 S2 打到远方,Q1 处在工作位置时,K8 吸合,手车内 K2E 中间继电器动作,分闸线圈 K2S 吸合,Q1 分闸,高压电动机停机。KT1 的作用是防止重合闸现象的发生,K9 是防跳闸回路。

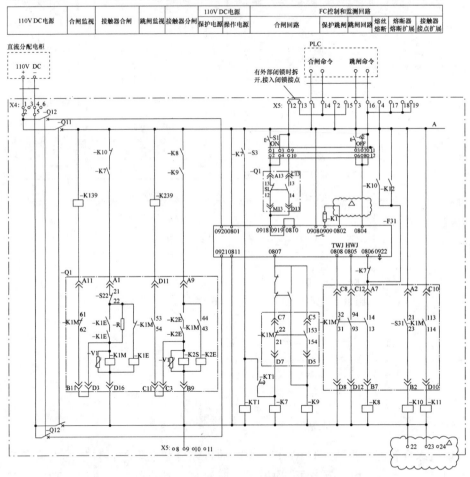

图 3-9 高压开关柜控制回路接线图1

有时由于地区气候温度变化大,开关柜的底部潮湿,有的电缆沟甚至有积水;有的设备处于暂时停运状态,开关柜内小环境温度就比周围环境温度低,在其表面就极易形成凝露,在这种情况下,一旦送电投运,事故就随之发生。为了避免开关设备内部发生凝露引起爬电、闪络事故,一般 MCC 控制柜内配置湿温控制器,可对断路器或电缆室进行自动加热。高压电动机加热器用来防止电动机受潮后影响电动机的绝缘性能。当气候温差较大时,运转后停止的电动机要开启加热器,一般大功率高压电动机的电源开关控制回路设置了自动投入功能,电动机停转后自动投入高压电动机加热器,高压电动机运行后电动机加热器随即停止工作。

从高压开关柜的主接线图可以看出,进入 PLC 系统的 I/O 点有两个:一个为 4~20mA 的电流信号(AI);另一个为有功电度信号,该信号为离散量信号,在 PLC 系统中进行脉冲累加。

从高压开关柜控制回路接线图 1 可以看出,PLC 系统需要向高压开关柜控制回路发送合闸及跳闸指令,均为干接点。对于 PLC 系统,为 DO 输出点。

从高压开关柜控制回路接线图 2(见图 3-10)可以看出,就地拉绳信号需接入高压开关柜控制回路。

红绿灯指示	事故按钮	保护装置开关量输入			电源监视	多功能变送器电流表	开关柜加热器		开关柜照明	
		信号复归	投低电压保护	热复归			断路器室	电缆室	继电器室	电缆室

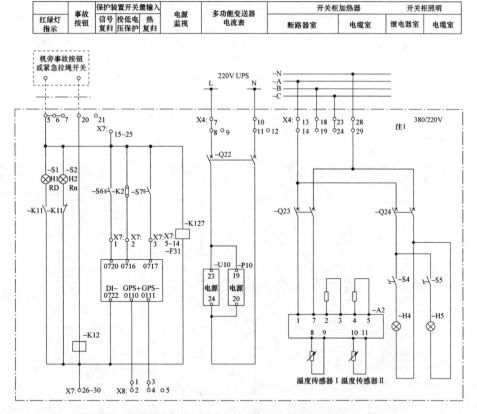

图 3-10 高压开关柜控制回路接线图 2

从高压开关柜控制回路接线图 3(见图 3-11)及图 4(见图 3-12)可以看出,其进入 PLC 系统的 DI 点有断路器合闸状态,断路器跳闸状态,断路器跳闸状态(SOE),断路器处在远方工作位置,断路器处在就地工作位置,断路器异常,

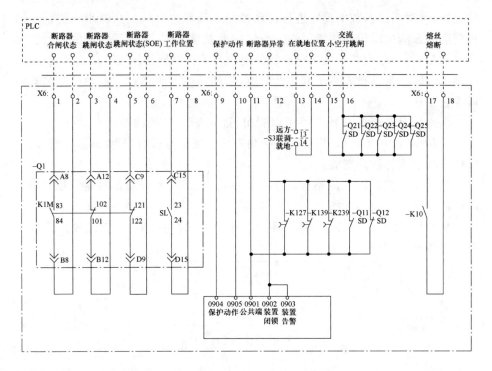

图 3-11 高压开关柜控制回路接线图 3

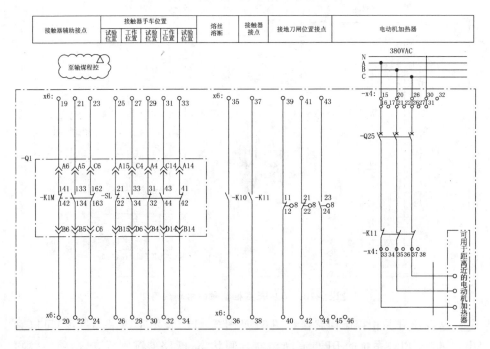

图 3-12 高压开关柜控制回路接线图 4

断路器保护动作,交流控制回路跳闸,这些信号主要在 PLC 系统的上位机上进行显示,对高压开关柜的实时状态进行监视。

3.7.5　就地控制箱

1. 就地控制箱面板图

就地控制箱面板(见图 3-13)共有 6 个指示灯,分别为 AC220V 电源指示灯、DC24V 电源指示灯、带式输送机停机指示灯、带式输送机运行指示灯、制动器运行指示灯和制动器开到位指示灯。除此之外,还有 1 个就地/远方转换开关和 5 个操作按钮,分别为带式输送机分闸按钮和合闸按钮、警铃启动按钮、制动器合闸及分闸按钮。

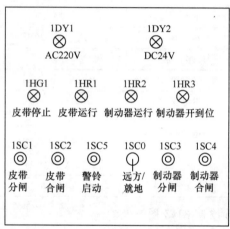

图 3-13　就地控制箱面板图

"制动器"是带式输送机中的一套安全保护装置,主要是用来避免带式输送机停机后出现逆转现象。常用的盘式制动器是一种利用压力油压缩碟簧松闸,卸压后碟簧产生压力抱闸的常闭式制动装置。

在带式输送机启动前,应先向制动器发送合闸指令,制动器中的液压泵电动机开始工作,通过压力油推动活塞带动里面的碟簧组使制动器松开。在 PLC 系统收到制动器开到位反馈信号后,再向带式输送机发送启动指令。当带式输送机停机时,向制动器发送分闸指令,压力油回油箱,通过碟簧的弹力实现制动,以防止带式输送机逆转。

就地控制箱设备表见表 3-3。

表 3-3　就地控制箱设备表

符　号	名　　称	型　号	数　量	单　位
1DY1	AC220V 指示灯	XB2BVM4C	1	只
1DY2	DC24V 指示灯	XB2BVB4C	1	只

（续）

符　号	名　称	型　号	数量	单位
1HG1	绿色指示灯	XB2BVM3C AC220V	1	只
1HR1～1HR3	红色指示灯	XB2BVM4C AC220V	3	只
1SC1	绿色自复位按钮	ZB2BA3C + ZB2BZ101C	1	只
1SC3	绿色自复位按钮	ZB2BA3C + ZB2BZ102C	1	只
1SC2、1SC4、1SC5	红色自复位按钮	ZB2BA4C + ZB2BZ101C	3	只
1SC0	三位切换开关	ZB2BD3C + ZB2BZ103C + ZB2BE101C ×2	1	只
QF	断路器	C65N C3P　4A	1	只
FU1	熔断器	3A	1	只
KM	接触器	2A　AC220V	1	只
KH	热继电器		1	只
KK1～KK3	继电器	MY2NJ　AC220V	3	只
KD1	继电器	DC24V/DC110V	1	只
KD2	光电耦合器	RET24VDCO R50H（DC24V/DC110V）	1	只
DC1	直流电源	AC220V 转 DC24V	1	只
TB1～TB6	接线端子	UK2.5B	109	只

2. 就地控制箱控制回路图

就地控制箱控制回路图如图 3 - 14 及图 3 - 15 所示,该控制回路也可称为控制系统的"二次接线图",该控制回路是现场设备与 PLC 系统的联系纽带。该图主要实现以下控制功能:设备制动器电动机的就地及远方控制,现场警铃的就地及远方控制,6 个指示灯的控制。控制制动器的原理与低压开关柜的原理相同,这里不再详述。

从图 3 - 14 及图 3 - 15 可以看出,PLC 系统的输出 DO 点主要有警铃启动,带式输送机断路器合闸指示(也称带式输送机运行信号),带式输送机断路器分闸指示(也称带式输送机停止信号),制动器合闸/分闸控制,带式输送机头部喷淋启/停,带式输送机尾部喷淋启/停。这六个输出点均为长信号,由 PLC 编程逻辑控制。现场反馈信号主要有液力耦合器温升信号、现场料流信号、现场拉紧张紧信号、现场拉紧松紧信号、拉绳信号、跑偏信号、堵煤信号、速度信号、带式输送机合闸按钮、带式输送机分闸按钮、转换开关就地位置、转换开关远方位置、控制回路电源监视及制动器打开到位信号。所有输出/输入信号均为干节点。

在图 3 - 14 所示的控制回路中,就地控制箱上的带式输送机合闸按钮及分闸按钮没有体现在控制回路中,主要是由于就地控制箱与高压开关柜距离较远,

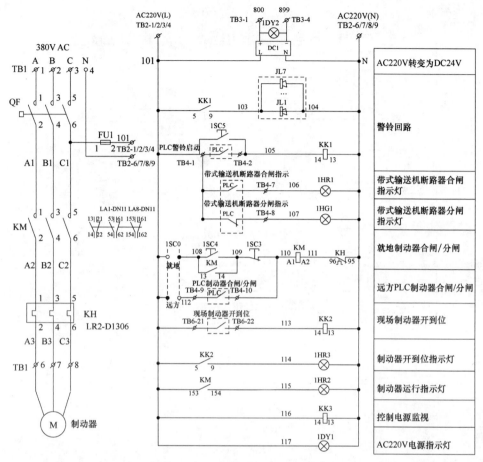

图 3-14　就地控制箱控制回路图1

因而该信号首先进入就近 PLC 远程 I/O 柜中,通过 PLC 逻辑编程使控制室控制柜输出合闸信号及跳闸信号,并直接接入高压开关柜,通过高压开关柜控制高压电动机运行或停机。

通过对图 3-8～图 3-15 进行分析,作为 PLC 系统的设计人员,应该得到以下信息。

(1)进入 PLC 控制室控制柜中的 I/O 点如下:

DI:断路器合闸状态,断路器跳闸状态(SOE),断路器处在远方工作位置,断路器处在就地工作位置,断路器异常,断路器保护动作,交流控制回路跳闸,有功电度信号。

DO:带式输送机合闸信号及分闸信号。

AI:带式输送机电流信号。

(2)进入 PLC 远程 I/O 柜中的 I/O 点如下:

DI:液力耦合器温升信号,现场料流信号,现场拉紧张紧信号,现场拉紧松紧

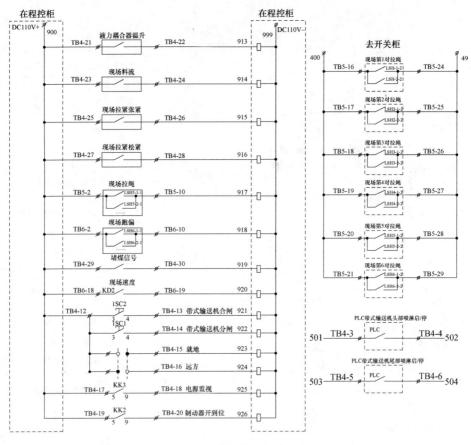

图 3 - 15　就地控制箱控制回路图 2

信号,拉绳信号,跑偏信号,堵煤信号,速度信号,带式输送机合闸按钮,带式输送机分闸按钮,转换开关就地位置,转换开关远方位置,控制回路电源监视及制动器打开到位。

DO:警铃启动,带式输送机断路器合闸指示(也称带式输送机运行信号),带式输送机断路器分闸指示(也称带式输送机停止信号),制动器合闸/分闸控制,带式输送机头部喷淋启/停,带式输送机尾部喷淋启/停。

(3)所有 DI、DO 输入信号均为无源干接点。

(4) DO 输出信号中,警铃启动、带式输送机断路器合闸指示、带式输送机断路器分闸指示、制动器合闸/分闸控制为长信号,带式输送机合闸及分闸控制为短信号。

3. 信号联系图

图 3 - 16 为系统信号联系图,现场反馈信号(液力耦合器温升信号,现场料流信号,现场拉紧张紧信号,现场拉紧松紧信号,拉绳信号,跑偏信号,堵煤信号,速度信号,带式输送机合闸按钮,带式输送机分闸按钮,转换开关就地位置,转换

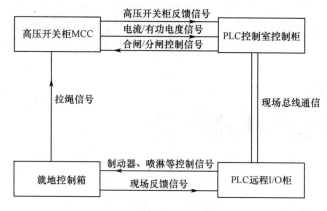

图 3 - 16 系统信号联系图

开关远方位置,控制回路电源监视及制动器打开到位)进入 PLC 远程 I/O 柜中;PLC 远程 I/O 柜输出制动器、喷淋等控制信号(警铃启动,带式输送机断路器合闸指示,带式输送机断路器分闸指示,制动器合闸/分闸控制,带式输送机头部喷淋启/停,带式输送机尾部喷淋启/停)进入就地控制箱;就地控制箱把拉绳信号汇总后接入高压开关柜;高压开关柜反馈信号及电流、有功电度信号进入 PLC 控制室控制柜;PLC 控制室控制柜发出合闸及分闸指令进入高压开关柜。

4. 总 结

控制系统的一次接线图及二次接线图与 MCC 控制柜的位置、PLC 控制室的位置、PLC 远程 I/O 柜的位置密切相关,设计时要综合考虑现场系统设备的布置状况,以节省电缆为主要原则,进行优化设计。

思考与练习

3 - 1 什么是设备的一次接线图及二次接线图?

3 - 2 一次接线图与二次接线图有什么关系?

3 - 3 简要说明 PLC 程控柜、就地控制箱、MCC 控制柜之间的关系。

3 - 4 设备的一次接线图及二次接线图对 PLC 系统有什么作用?

3 - 5 低压 MCC 控制柜与 10kV MCC 控制柜控制回路有什么不同?

第4章
PLC 硬件基础知识

4.1 PLC 的分类

1. 根据装配结构分类

根据装配结构的不同,PLC 可分为整体式(单元式)和模块式(组合式)两种,两者在外观上有很大差别。

(1) 整体式 PLC 将电源、CPU、输入/输出(I/O)接口等部件都集中装在一个机箱内,具有结构紧凑、体积小、价格低的特点。小型 PLC 一般采用这种整体式结构,整体式 PLC 由不同 I/O 点数的基本单元(又称主机)和扩展单元组成。其中,基本单元内有 CPU、I/O 接口、与 I/O 扩展单元相连的扩展口以及与编程器或 EPROM 写入器相连的接口等。图 4 - 1 所示为两种常见的整体式 PLC。图 4 - 1(a)为三菱 FX - 2N,图 4 - 1(b)为西门子 S - 200。

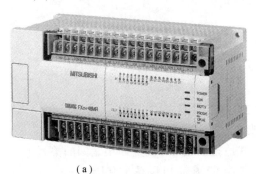

(a)　　　　　　　　　　　　　　　　(b)

图 4 - 1　整体式 PLC

扩展单元内一般只有 I/O 接口,没有 CPU。基本单元和扩展单元之间一般用“扁平电缆”连接。现在整体式 PLC 一般还可配备特殊功能单元,如模拟量单元、位置控制单元等,使其功能得以扩展。一体化的小型或微型产品用量占到了可编程逻辑控制器总用量的 75% 以上。

(2) 模块式 PLC 是将 PLC 的各组成部分分别集成为若干个单独的模块,

如 CPU 模块、I/O 模块、电源模块(有的含在 CPU 模块中)和各种功能模块。模块式 PLC 由框架(机架)或基板和各种模块组成,其中模块装在框架或基板的插座上。这种模块式 PLC 的特点是配置灵活,可根据需要选配不同类型的模块,而且装配方便,便于扩展和维修。大、中型 PLC 一般采用模块式结构。图 4-2 所示为模块式 PLC。图 4-2(a)为西门子 S-300,图 4-2(b)为 AB Control Logix。

(a)   (b)

图 4-2   模块式 PLC

2. 根据控制规模分类

PLC 还可以按照控制规模分类,控制规模主要指控制开关量的输入点数、输出点数及控制模拟量的输入点数、输出点数。模拟量的路数可折算成开关量的点,大致一路相当于 16 点。依这个点数,PLC 大致可分为微型机、小型机、中型机、大型机和超大型机。

微型机控制点数仅几十点,如 OMRON 公司的 CPM1A 系列 PLC 和西门子的 Logo 仅 10 点。

小型机控制点数可达 100 多点,如 OMRON 公司的 C60P 可达 148 点,CQM1 达 256 点;德国西门子公司的 S7-200 机可达 64 点。

中型机控制点数可达近 500 点,甚至 1000 点,如 OMRON 公司的 C200H 机普通配置最多可达 700 多点,C200Ha 机则可达 1000 多点;德国西门子公司的 S7-300 机最多可达 1000 点。

大型机控制点数一般在 1000 点以上,如 OMRON 公司的 C1000H、CV1000,当地配置可达 1024 点;C2000H、CV2000 当地配置可达 2048 点;西门子公司的 S7-400 系列中的 CPU412 及 CPU414 也属于大型机。

超大型机控制点数可达万点,甚至几万点,如西门子公司的 S7-400 系列中的 CPU416 及 CPU417,也属于超大型机,其中 CPU416 最多可有 262144 点数字量和 16384 点模拟量输入/输出。

以上这种划分是不严格的,在实际使用过程中,可参阅相关厂家的技术说明书。

4.2 PLC 的组成

可编程控制器(PLC)的硬件部分由中央处理器(CPU 模块)、存储器、输入/输出(I/O)模块、电源模块、接口单元等部分组成。对于整体式 PLC,所有部件都装在同一机壳内,其组成框图如图 4－3 所示。

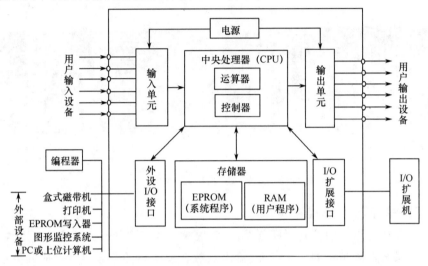

图 4－3 整体式 PLC 的硬件组成

对于模块式 PLC,各部件独立封装成模块,各模块通过总线连接,安装在机架或导轨上,其硬件组成框图如图 4－4 所示。

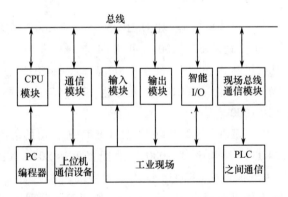

图 4－4 模块式 PLC 的硬件组成

1. 中央处理器(CPU)

中央处理器是 PLC 的核心部件,负责完成逻辑运算、数字运算以及协调系统内各部分的工作。它在系统程序的管理下运行,主要功能有:①接受并存储由编程器键入的用户程序和数据;②诊断电源故障和用户程序的语法错误;③读取输入状态和数据并存储到相应的存储区;④读取并执行用户程序指令,完成逻辑运算、数字运算、数据传递等任务;⑤刷新输出映像,将输出映像内容送至输出单元。

2. 存储器

可编程控制器配有两类存储器:系统存储器和用户存储器。

系统存储器用于存放系统管理程序,用只读存储器实现。系统管理程序是由 PLC 的制造厂家编写的,与 PLC 的硬件组成有关,完成系统诊断、命令解释、功能子程序调用管理、逻辑运算、通信及各种参数设定等功能,提供 PLC 运行的软件平台,其优劣关系到 PLC 的性能。系统管理程序在 PLC 使用过程中不会变动,所以它是由制造厂家直接固化在只读存储器 ROM、PROM 或 EPROM 中的,用户不能访问和修改。

用户存储器又分为程序存储区和数据存储区两种,其中程序存储区用于存放用户编制的控制程序,一般用 RAM 实现或固化到只读存储器中;数据存储区存放的是程序执行过程中所需要的或者所产生的中间数据。用户程序是由用户根据 PLC 控制对象的要求编制的应用程序,为了便于读出、检查和修改,它一般存于 CMOS 静态 RAM 中,用锂电池作为后备电源,以保证掉电时不会丢失信息。为了避免干扰对 RAM 中程序的破坏,当用户程序运行正常,不需要改变时,可将其固化在只读存储器 EPROM 中。现有许多厂家的 PLC 直接采用 EEPROM 作为用户存储器。

工作数据是 PLC 运行过程中经常变化、经常存取的一些数据,存放在 RAM 中,以适应随机存取的要求。在 PLC 的工作数据存储器中,设有存放输入/输出继电器、辅助继电器、定时器、计数器等逻辑器件的存储区,这些器件的状态都是由用户程序的初始设置和运行情况确定的。根据需要,部分数据在掉电时用后备电池维持其当前状态,这部分在掉电时可保存数据的存储区域称为"保持数据区"。

由于系统程序及工作数据与用户无直接联系,因而在 PLC 产品样本或使用手册中所列存储器的形式及容量是指"用户程序存储器"。当 PLC 提供的用户存储器容量不够用时,许多厂家的 PLC 还提供存储器扩展功能。

3. 电源单元

电源单元将外界提供的电源转换成 PLC 的工作电源后,提供给 PLC。有些电源单元也可以作为负载电源,通过 PLC 的 I/O 接口向负载提供直流 24V 电源。

4. 输入/输出单元

输入/输出单元通常也称"I/O 单元"或"I/O 模块",是 PLC 与工业生产现场之间的连接部件。PLC 通过输入接口可以检测被控对象的各种数据,以这些数据作为 PLC 对被控对象进行控制的条件;同时,PLC 又通过输出接口将处理结果送给被控对象,以实现控制的目的。

由于外部输入设备和输出设备所需的信号电平是多种多样的,而 PLC 内部 CPU 处理的信号只能是标准电平,因而 I/O 接口要实现这种转换。I/O 接口一般都具有光电隔离和滤波功能,以提高 PLC 的抗干扰能力。另外,I/O 接口上通常还设有状态指示灯,可以对工作状况进行直观地显示,便于维护。

PLC 提供了多种操作电平和驱动能力的 I/O 接口供用户选用,其主要类型有 DI(数字量输入)、DO(数字量输出)、AI(模拟量输入)、AO(模拟量输出)等。此外,PLC 的 I/O 单元还包括一些功能模块,即一些智能化的通信模块和控制模块。

5. 接口单元

接口单元包括扩展接口、通信接口、编程器接口、存储器接口及其他外部设备接口等。PLC 的 I/O 单元也属于接口单元的范畴,它用来完成 PLC 与工业现场之间电信号的往来联系。除此之外,PLC 与其他外界设备和信号的联系都需要相应的接口单元。

6. 外部设备

PLC 的外部设备种类很多,可以概括为以下三类。

(1)编程设备:编程设备除了用于编程,还可对系统作一些设定,以确定 PLC 的工作方式。专用编程器只能对指定厂家的几种 PLC 进行编程,使用范围有限,价格较高,图 4-5 所示为 FX 系列编程器。同时,由于 PLC 产品不断更新换代,因而专用编程器的生命周期也十分有限,现在的趋势是使用个人计算机作为硬件平台的编程装置,用户只要购买 PLC 厂家提供的编程软件和相应的硬件接口装置,就可以离线或在线进行逻辑编程了,只用较少的投资即可得到高性能的 PLC 程序开发系统。

图 4-5 FX 系列编程器

基于个人计算机的程序开发系统功能强大,它既可以编制、修改 PLC 的梯形图程序,又可以监视系统运行、打印文件、系统仿真等。配上相应的软件还可实现数据采集和分析等许多功能。

(2)监控设备:将现场数据动态实时地显示出来,以便操作人员随时掌握系统运行的状况。

(3)存储设备:用于保存用户数据,避免程序丢失。

7. 智能扩展模块

为了满足更加复杂的控制功能需要,PLC 还配有多种智能模块,以适应用户多种需求。

　　智能模块都有其自身的处理器,它是一个独立的系统,不依赖于主机而独立运行。智能模块在自身系统的管理下,对输入的信号进行检测处理和控制,通过其基板内部总线与 PLC 的 CPU 通信。当 PLC 运行时,每个扫描周期都要与智能模块交换信息,以便综合处理。

　　常见的智能模块有 PID 调节模块、高速计数模块、温度传感器模块、高速脉冲输出模块和各种通信模块。智能模块为 PLC 的功能扩展和性能提高提供了极为有利的条件。随着智能模块品种的增加,PLC 的应用领域也将越来越广。

4.3　PLC 的工作原理

4.3.1　PLC 的工作过程

　　PLC 工作时采用周而复始的循环扫描来执行规定好的任务,每一个循环扫描周期可分为三个主要工作阶段,即输入采样阶段、程序执行阶段和输出刷新阶段。PLC 的工作过程如图 4-6 所示。

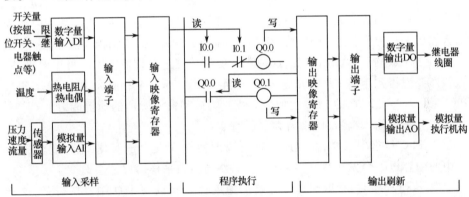

图 4-6　PLC 工作过程示意图

　　PLC 一个循环扫描周期需要完成的任务如下:

　　(1) 内部处理阶段:在此阶段,PLC 检查 CPU 模块的硬件是否正常,复位监视定时器,以及完成一些其他内部工作。

　　(2) 通信服务阶段:在此阶段,PLC 与一些智能模块通信,响应编程器键入的命令,更新编程器的显示内容等,当 PLC 处于停机状态时,只进行内部处理和通信操作等。

　　(3) 输入采样阶段:在此阶段顺序读取所有输入端子的通断状态,并将所读取的信息存到输入映像寄存器中,此时输入映像寄存器被刷新。

　　(4) 程序执行阶段:按"先上后下,先左后右"的步序,对梯形图程序进行逐句扫描并根据采样到输入映像寄存器中的结果进行逻辑运算,运算结果再存入有关映像寄存器中。若遇到程序跳转指令,则根据跳转条件是否满足来决定程序的跳转地址。

(5) 输出刷新阶段:程序处理完毕后,将所有输出映像寄存器中各点的状态,转存到输出锁存器中,再通过输出端驱动外部负载。

4.3.2　PLC 的工作特点

(1) 循环扫描周期:PLC 的工作方式是一个不断循环的顺序扫描工作方式。每一次扫描所用的时间称为"扫描周期"或"工作周期"。PLC 运行正常时,扫描周期的长短与 CPU 的运算速度、I/O 点的多少、用户应用程序的长短及编程情况等有关。

(2) 输出滞后:指从 PLC 的外部输入信号发生变化至它所控制的外部输出信号发生变化的时间间隔,一般为几十毫秒。引起输出滞后的因素有输入模块的滤波时间,程序执行过程花费的时间和输出模块的滞后时间等。在最有利的情况下,输入状态经过一个扫描周期在输出得到响应的时间,称为"最小输入输出响应时间"。在最不利的情况下,输入点的状态恰好错过了输入的锁入时刻,造成在下一个输出锁定时才能被响应,这就需要两个扫描周期时间,称为"最大输入输出响应时间"。它们是由 PLC 的扫描方式决定的,与编程方法无关。

对于一般的工业控制系统,这种滞后现象是完全允许的。同时可以看出,输入状态要想得到响应,开关量信号宽度至少要大于一个扫描周期才能保证被 PLC 采集。当然现在的 PLC 也加强了快速响应和输入脉冲的捕捉能力。

(3) 采用输入/输出映像寄存器的特点:

① PLC 是集中采样,在程序处理阶段即使输入发生了变化,输入映像寄存器中的内容也不会发生变化,要到下一周期的输入采样阶段才会改变。

② 执行程序时,存取映像寄存器的速度比直接读写 I/O 端口快得多,这样可以加快程序的执行时间。

③ 由于 PLC 是串行工作,因而其运行结果与梯形图程序的顺序有关。这与继电器控制系统"并行"工作有本质的区别,避免了触点的临界竞争,减少了烦琐的联锁电路。

4.4　PLC 处理的信号类型

4.4.1　数字量输入/输出

1. 数字量输入模块

数字量输入(Digital Input,DI)又称为"开关量输入"。以开关状态为输出信号的传感器,如水流开关、风速开关、压差开关等,将高、低电平(相当于开、关)两种状态接入 PLC 的 DI 模块,该模块将其转换为数字量 1 或 0,进而对其进行逻辑分析和计算。典型的数字量输入设备有按钮、限位开关、继电器触点等,PLC 通过数字量输入模块处理这些信号。数字量输入模块又可以分为直流输入模块与交流输入模块,图 4-7 所示为直流输入电路。

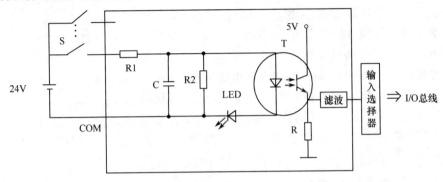

图 4-7 数字量直流输入电路

图中圆圈内为光电耦合器,隔离了输入电路与 PLC 内部电路的电气连接,使外部信号通过光电耦合器变成内部电路能接收的标准信号。当开关 S 闭合后,直流电压经过电阻 R1 和 R2 与电容 C 组成滤波电路后加到光电耦合器的发光二极管上,滤波电路可以滤掉输入信号中的高频干扰信号,光敏晶体管接收到光信号,使查询电压 24V 转换为标准信号 5V,送入 PLC 内部电路。在输入采样时使对应的输入映像寄存器存储位为 1,反之为 0。LED 灯可以指示输入点的状态。查询电压需要用户提供独立的直流电源来产生,其大小随模块型号的不同而不同。

图 4-8 所示为交流输入电路,其基本原理与直流输入电路相同,通过光电耦合器把信号送至 PLC 内部电路。交流电压需要用户提供独立的交流电源来产生,电压的大小随模块型号的不同而不同。

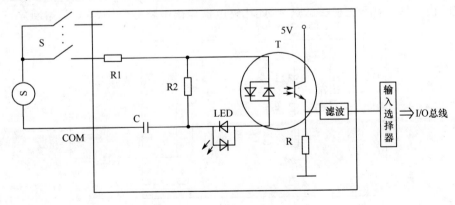

图 4-8 数字量交流输入电路

PLC 的输入电路有共点式、分组式和隔离式 3 种。其中,当只有一个公共端 COM 时称为共点式;分组式是指将输入端子分为若干组,每组共用一个公共端 COM;隔离式是指具有公共端 COM 的各组输入点之间互相隔离,各组使用独立的电源供电。

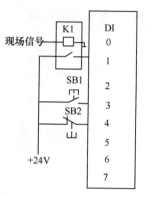

由于对输入电压有限制要求,不是所有的现场数字信号都可以直接输入 DI 模块,因而要用到"输入隔离继电器",接线方法如图 4 - 9 所示。开关、选择旋钮等可以直接把查询电压输入 DI 模块。对于一些现场信号来说,这些信号不是标准的查询电压,不能直接送入 DI 模块,可以让现场信号驱动一个继电器,当现场信号为高电平时,该继电器的线圈得电,常开触点闭合,常开触点一端接查询电压,另一端接 PLC 输入模块。

图 4 - 9　接线原理图

2. 数字量输出模块

数字量输出(Digital Output,DO)又称为"开关量输出",数字量输出能控制一个用户的离散型(开或关)负载,如继电器线圈、电磁阀线圈、指示灯等。每一个输出点仅与一个输出电路相连,通过输出电路把 CPU 的运算结果转换成驱动现场执行机构的开关信号。数字量输出电路又分为直流输出、交流输出和交直流输出。

(1)直流输出。直流输出多用晶体管或场效应晶体管(MOSFET)驱动,图 4 - 10 所示为晶体管输出电路。当 PLC 进入输出刷新阶段时,通过数据总线把 CPU 的运算结果由输出映像寄存器集中传送至输出锁存器;若运算结果为"1",输出锁存器的输出使光电耦合器的发光二极管发光,光敏晶体管在受光后导通,使晶体管饱和导通,相应直流负载在外部直流电源的作用下工作。晶体管(或场效应管)输出方式的特点是输出响应速度快,适用于要求快速响应的场合;由于晶体管是无机械触点,因此比继电器输出电路寿命长。FU 为熔断器,可

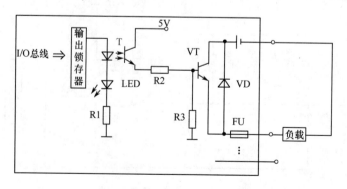

图 4 - 10　晶体管输出电路

防止负载短路时损坏 PLC 输出模块。晶体管输出型电路的外接电源只能是直流电源;晶体管输出的驱动能力要小于继电器输出,允许负载电压一般为 DC5 ~ 30V,允许负载电流为 0.2 ~ 0.5A,这两点在使用晶体管输出电路形式时要注意。

(2) 交流输出。交流输出多采用晶闸管输出方式,其特点是输出启动电流大。晶闸管输出电路只能驱动交流负载,响应速度也比继电器输出电路形式要快,寿命要长。图 4 - 11 所示为晶闸管输出电路。当 PLC 系统有信号输出时,通过输出电路使发光二极管导通,通过光电耦合器使双向晶闸管导通,交流负载在外部交流电源的激励下得电。发光二极管发光,指示输出有效,电阻 R2 和电容 C 组成高频滤波电路。双向晶闸管输出的驱动能力比继电器输出的要小,允许负载电压一般为 AC 85 ~ 242V,单点输出电流为 0.2 ~ 0.5A,当多点共用公共端时,每点的输出电流更小(如单点驱动能力为 0.3A 的双向晶闸管输出,在 4 点共用公共端时,最大允许输出为 0.8A/4 点),但是响应速度也比继电器输出电路形式要快,寿命要长。

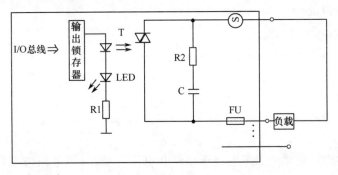

图 4 - 11　晶闸管输出电路

(3) 交直流输出。交直流输出多用继电器输出电路,这是 PLC 输出电路常见的一种形式,其电路形式如图 4 - 12 所示。该类型输出电路的外接电源既可以是直流,也可以是交流。继电器输出触点的使用寿命也有限制(一般为数十万次左右,根据负载而定,如连接感性负载时的寿命要小于阻性负载)。此外,

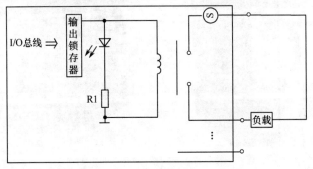

图 4 - 12　继电器输出电路

继电器输出电路的响应时间也比较慢(10ms 左右),因此在要求快速响应的场合不适合使用此种类型的输出电路。

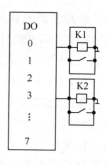

PLC 继电器输出电路形式允许负载一般是 AC250V/50V 以下,负载电流可达 2A,容量可达 80~100VA(电压×电流),因此 PLC 继电器输出电路的输出一般不宜直接驱动大电流负载,若驱动大电流负载,可以接一个中间继电器,再由中间继电器触点驱动大负载,如接触器线圈等。如图 4-13 所示,输出模块的每个通道接一个输出隔离继电器,并把其常开触点或常闭触点串联在二次回路中,以控制接触器线圈是否得电,进而控制一次回路是否接通。

图 4-13　输出隔离
继电器原理

4.4.2　模拟量输入/输出

工业控制中除了用到数字量之外,有时还会用到模拟量信号。处理模拟量信号需要模拟量输入、输出模块。

1. 模拟量输入模块

模拟量输入模块(Analog Input,AI):模拟量是连续变化的物理量,如常用的电流、电压、温度、速度等。由于 PLC 只能处理数字信号,因而 PLC 要采集模拟信号必须通过 AI 模块对这些模拟量进行模/数转换(A/D)。现场的模拟信号先通过信号变送器转换为统一的标准信号,如 4~20mA 的电流信号。AI 模块一般由滤波、模数转换、光电耦合等电路组成。

常见的模拟量输入信号有电压信号和电流信号,其中电压信号常用的有单极性的 0~10V、0~5V,双极性的 -5~+5V、-2.5~+2.5V;电流信号常用的有 0~20mA 和 4~20mA。图 4-14 所示为西门子公司的 SM331 模拟量输入模块。该模块具有 8 个模拟量输入通道,每个通道占用存储器 AI 区域 2 个字节。

图 4-14　模拟量输入模块

2. 模拟量输出模块

在工业控制现场,有很多设备需要通过模拟量进行控制,如可控制开度的阀门,要远程设定频率的变频器等。模拟量输出模块(Analog Output,AO)的作用就是把 PLC 输出的数字量转换为标准的模拟量,从而控制现场设备。AO 模块一般由光电耦合、数/模转换(D/A)和信号驱动等电路组成。

当然也有模块把模拟量输入与输出功能结合在一起,既可以输入模拟量,也可以输出模拟量。图 4 – 15 所示为西门子公司的 SM334 模拟量输入/输出模块。SM334 输入/输出模块具有 4 个模拟量输入通道和 2 个模拟量输出通道。该模块需要 DC24V 供电,可由 PLC 的电源模块供电,也可以使用用户提供的外部电源供电。

图 4 – 15　模拟量输入/输出模块

模拟量模块大大扩展了 PLC 的应用范围,使 PLC 的控制功能不再局限在继电器控制系统那样的开关量控制中,可以处理复杂的过程控制问题,如用于各种恒温恒压控制系统等。模拟量模块的使用使 PLC 可以用于连续的闭环控制系统。生产现场的各种运行参数经传感器转变为物理量,通过变送器转换为标准的模拟信号送入模拟量输入模块,经过模数转换器转换成数字量,CPU 使用设计好的算法(如 PID 算法)计算出数字量的控制信号送至模拟量输出模块,模拟量输出模块经过数模转换器输出模拟量控制信号以控制执行机构,最终控制生产现场的物理量。

由于 PLC 的 CPU 处理的是数字信号,而生产现场输出的信号是模拟信号,因而在模拟量输入模块中就需要进行模/数转换(A/D),此时就会产生"分辨率"的问题,分辨率越高的模块价格也会更高。"精确度"也是非常重要的参数,但是在实际使用时,有许多人把这两个参数混用,这是两个不同的参数,事实上分辨率并不能代表精确度,反之亦然。

分辨率是指模数转换能够分辨量化的最小信号的能力,如上文提到的 SM331 模拟量输入模块具有 8 个模拟量输入通道,每个通道占用存储器 AI 区域 2 个字节,所以该模块可以把模拟信号编码成 65536 个不同的离散值(2^{16} = 65536),从 0 ~ 65536(即无符号整数)或从 – 32768 ~ 32767(即带符号整数),至于使用哪一种,则取决于具体的应用。也就是说,分辨率越高,就能把满量程里的电平分出更多的份数(16 位就是把满量程分成了 2^{16} 份),得到的转换结果就越精确。使输入模拟量模数转化的离散信号发生一个变化所需的最小输入电压的差值被称为最低有效位(Least Significant Bit, LSB)电压,这样模数转换器的分辨率 Q 等于 LSB 电压。模数转换器的电压分辨率等于总的电压测量范围除以离散电压间隔数。例如,测量的模拟量范围为 0 ~ 10V,数字量位数为 16 位。此时

$$Q = LSB = \frac{10 - 0}{2^{16}} \approx 0.00015 \text{V}$$

图 4 – 16 所示为模拟量与转换后的数字量的变化关系,即此时模拟量模块能感受到的模拟量的最小变化是 0.00015V。

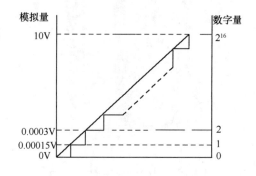

图 4 – 16   模拟量与数字量转换

精确度是指对于给定的模拟输入,实际数字输出与理论预期数字输出之间的接近度。换而言之,转换器的精确度决定了数字输出代码中有多少个比特表示有关输入信号的有用信息。如前所述,对于 16 位 ADC 分辨率,由于出现内部或外部误差源,实际的精确度可能远小于分辨率。

4.4.3   热电阻热电偶信号输入

热电阻与热电偶的测量原理:

热电阻(RTD):基于导体或半导体的电阻值随着温度的变化而变化的特性测量温度。

热电偶(TC):将两种不同的导体或半导体连接成闭合回路,当两个节点处的温度不同时,回路中将产生热电势,这种现象称为"热电效应",又称为"塞贝克效应"。

热电阻与热电偶的区别：

（1）信号的性质不同,热电阻本身是电阻,温度的变化使电阻发生正的或者负的变化;而热电偶是发生感应电压的变化,它随温度的改变而改变。

（2）两种传感器检测的温度范围不一样,热电偶的测量范围更广,热电阻常用于低温检测,热电偶用于高温检测。

（3）从材料上分,热电阻是一种阻值随温度变化敏感的金属材料。热电偶是双金属材料,即两种不同的金属,由于温度的变化,在两个不同金属丝的两端产生热电势。

西门子公司的 SM331 不仅可以接入模拟量,也可以通过模块侧面的量程卡安装位置来改变测量类型,用于输入热电偶或热电阻信号。

4.5　PLC 的通信介质

随着网络技术的发展以及企业对工业自动化程度要求的不断提高,自动控制系统也从传统的集中式控制向多级分布式控制方向发展,这就要求构成控制系统的 PLC 要有通信功能,能够相互连接构成网络。"PLC 通信"是指 PLC 与 PLC、PLC 与计算机、PLC 与现场设备(或远程 I/O)之间的信息交换。PLC 通信的任务就是将地理位置不同的 PLC、计算机、各种现场设备等通过通信介质连接起来,按照规定的通信协议,以某种特定的通信方式高效率地完成数据的传送、交换和处理。

"通信介质"是指在网络中传输信息的载体,常用的通信介质分为有线通信介质和无线通信介质两大类。有线通信介质是指在两个通信设备之间采用物理连接,它能将信号从一方传输到另一方,有线通信介质主要有双绞线、同轴电缆和光纤。双绞线和同轴电缆传输电信号,光纤传输光信号。无线通信介质是指利用无线电波在自由空间的传播可以实现多种无线通信。在自由空间传输的电磁波根据频谱不同可将其分为无线电波、微波、红外线和激光等,信息被加载在电磁波上进行传输。

目前,工业控制中普遍采用的通信介质有同轴电缆、双绞线和光纤。在这些介质中,由于双绞线(带屏蔽)具有成本较低、安装简单等优点,被广泛使用;而光纤具有尺寸小、重量轻、传输距离远等特点,主要在远距离传输中采用,因其传输两端需要光电转换器件,因此其相对来说成本较高。

1. 双绞线

双绞线(Twisted Pair)是由一对或者一对以上的相互绝缘的导线按照一定的规格互相缠绕(一般以逆时针缠绕)而成的一种信息通信网络传输介质,如图 4 - 17 所示。双绞线过去主要用来传输模

图 4 - 17　双绞线

拟信号,但现在同样适用于数字信号的传输,是一种常用的布线材料。双绞线不仅可以抵御一部分来自外界的电磁波干扰,也可以降低多对绞线之间的相互干扰。把两根绝缘的导线互相绞在一起,使干扰信号在这两根导线上的作用基本相同(此干扰信号叫作共模信号),从而在接收信号的差分电路中可以将共模信号消除,提取出有用信号(差模信号)。

2. 同轴电缆

同轴电缆(Coaxial Cable)常用于设备与设备之间的连接,或应用在总线型网络拓扑中。同轴电缆的中心轴线是一条铜导线,外加一层绝缘材料,这层绝缘材料外边是一根空心的圆柱网状铜导体,最外一层是绝缘层,如图 4-18 所示。与双绞线相比,同轴电缆的抗干扰能力强、屏蔽性能好、传输数据稳定、价格也便宜,而且它不用连接在集线器或交换机上即可使用。

同轴电缆是由内、外相互绝缘的同轴心导体构成的,其中内导体为铜线,外导体为铜管或网。电磁场封闭在内、外导体之间,故辐射损耗小,受外界干扰影响小,常用于传送多路电话和电视。同轴电缆也是局域网中最常见的通信介质之一,因其外层导体和中心轴芯线的圆心在同一个轴心上,所以叫作同轴电缆,同轴电缆之所以设计成这样,也是为了防止外部电磁干扰。同轴电缆也存在一个问题,就是如果电缆某一段发生比较大的挤压或者扭曲变形,那么中心电线和网状导电层之间的距离就不会始终如一,这会造成内部的无线电波被反射回信号发送源,这种效应降低了可接收信号的功率。为了克服这个问题,在中心电线和网状导电层之间加入了一层塑料绝缘体来保证它们之间的距离始终如一,这也造成了这种电缆比较僵直而不容易弯曲。

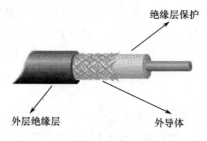

图 4-18 同轴电缆

3. 光纤

光纤是光导纤维的简称,是一种利用光在玻璃或塑料制成的纤维中进行全反射而制成的光传导工具。光导纤维由前香港中文大学校长高锟发明。微细的光纤封装在塑料护套中,使得它能够弯曲而不至于断裂。

通常,光纤一端的发射装置使用发光二极管(Light Emitting Diode,LED)或一束激光将光脉冲传送至光纤,光纤另一端的接收装置使用光敏元件检测脉冲。在日常生活中,由于光在光导纤维中的传导损耗比电在电线中的传导损耗低得多,因而光纤被用作长距离的信息传递。

图 4 - 19　光纤

在同轴电缆组成的系统中,最好的电缆在传输 800MHz 信号时,每千米的损耗都在 40dB 以上。相比之下,光导纤维的损耗要小得多,若传输 $1.31\mu m$ 的光,每千米的损耗在 0.35dB 以下;若传输 $1.55\mu m$ 的光,每千米的损耗更小,可达 0.2dB 以下。这就比同轴电缆的功率损耗要小得多,因此其能传输的距离要远得多。此外,光纤传输的损耗还有两个特点:一是在全部有线电视频道内具有相同的损耗,不需要像干线电缆那样必须引入"均衡器"进行均衡;二是其损耗几乎不随温度而发生变化,不用担心因环境温度变化而造成干线电平的波动。

因为光纤非常细,单模光纤芯线直径一般为 $4\sim10\mu m$,外径也只有 $125\mu m$,加上防水层、加强筋、护套等,用 $4\sim48$ 根光纤组成的光缆直径还不到 13mm,比标准同轴电缆的直径(47mm)要小得多,又因光纤是玻璃纤维,密度小,使它具有直径小、重量轻的特点,安装十分方便。

因为光纤的基本成分是石英,只传光,不导电,不受电磁场的干扰,在其中传输的光信号不受电磁场的影响,故光纤传输对电磁干扰、工业干扰有很强的抵御能力。也正因为如此,在光纤中传输的信号不易被窃听,因而利于保密。

我们知道,一个系统的可靠性与组成该系统的设备数量有关,设备越多,发生故障的概率越大。因为光纤系统包含的设备数量少(不像电缆系统那样需要几十个放大器),可靠性自然也就高,加上光纤设备的寿命很长,无故障工作时间达 50 万~75 万小时,其中寿命最短的是光发射机中的激光器,最低寿命也在 10 万小时以上。故一个设计良好、正确安装调试的光纤系统的工作性能是非常可靠的。

通常光纤与光缆两个名词会被混淆。多数光纤在使用前必须由几层保护结构包覆,包覆后的缆线即被称为"光缆"。光纤外层的保护层和绝缘层可防止周围环境对光纤的伤害,如水、火、电击等。光缆分为缆皮、芳纶丝、缓冲层和光纤。光纤与同轴电缆相似,只是没有网状屏蔽层,中心是光传播的玻璃芯。

4.6　PLC 的通信方式

4.6.1　工业以太网

以太网(Ethernet)指的是由 Xerox 公司创建并由 Xerox 公司、Intel 公司和 DEC 公司联合开发的基带局域网规范,是当今现有局域网采用的最通用的通信协议标准。

由于工业自动化的发展与网络技术的提高,控制系统网络化的特点越来越突出。从现场设备到管理各个层次的信息交换,使当前不同层次之间的通信变得更加复杂,人们迫切需要工业局域网具有更好的开放性与更快的传输速度。虽然现场总线的出现确实给工业自动化带来一场深层次的革命,但传统的现场总线无法实现企业管理自动化到工业现场自动化的连接,多种现场总线互不兼容,不同公司的控制器之间不能实现高速的实时数据传输,信息网络存在协议上的鸿沟,导致"自动化孤岛"现象的出现,促使人们开始寻求新的出路并关注到"以太网"。同时现场总线的传输速率也远远不如"工业以太网"的传输速率。目前,在控制系统和工厂自动化系统中,以太网的应用几乎已经和 PLC 一样普及。

工业以太网不是一种具体的网络,是一种技术规范。该标准定义了在局域网(LAN)中采用的电缆类型和信号处理方法。以太网在互联设备之间以 10 ~ 1000Mbit/s 的速率传送信息包,双绞线电缆组成的以太网因其低成本、高可靠性和 10M/100Mbit/s 的速率而成为应用最为广泛的以太网技术。许多制造供应商提供的产品都采用双绞线电缆组成的以太网,有比较好的开放性。当以太网用于信息技术时,应用层包括 HT – TP、FTP、SNMP 等常用协议;当它用于工业控制时,直到 21 世纪,还没有统一的应用层协议,但受到广泛支持并已经开发出相应产品的有 4 种主要协议,分别是 HSE(High Speed Ethernet)、Modbus TCP/IP、ProfiNet 和 Ethernet/IP。

工业以太网有以下优点:

(1)基于 TCP/IP 的以太网采用国际主流标准,协议开放,厂商设备完善,容易互联互通;

(2)可实现远程访问,远程诊断;

(3)不同的传输介质可以灵活组合,如同轴电缆、双绞线和光纤等;

(4)网络速度快,可达千兆甚至更快;

(5)支持冗余连接配置,数据可达性强,数据有多条通路抵达目的地;

(6)系统规模几乎无限制,不会因系统增大而出现不可预料的故障,有成熟可靠的系统安全体系;

(7)可降低投资成本。

图 4 – 20 所示为西门子 S300 系列 PLC 使用的 CP343 – 1 通信模块,可实现以太网通信。一般 PLC 系统中,大多采用以太网实现上位机与 PLC 的通信,以方便远程访问与诊断。

1. 网络结构

拓扑这个名词是从几何学中借用来的。"网络拓扑"是网络形状,或者是它在物理上的连通性。构成网

图 4 – 20 以太网
通信模块实物图

络的拓扑结构有多种。"网络拓扑结构"是指用传输媒体互联各种设备的物理布局,就是用某种方式把网络中的计算机等设备连接起来。拓扑图给出网络服务器、工作站的网络配置和相互间的连接,它的结构主要有环形结构、星形结构和总线结构。

1）环形结构

环形结构网络拓扑主要应用在采用同轴电缆(也可以是光纤)作为传输介质的令牌网中,是由连接成封闭回路的网络节点组成的。这种网络中的每个节点通过环中继转发器与其左右相邻的节点串行连接,在传输介质环的两端各加上一个阻抗匹配器,这样在逻辑上就相当于形成了一个封闭的环路,"环形"结构的命名起因就在于此。图 4 - 21 所示为环形结构。

图 4 - 21　环形结构

环形结构的特点是:

（1）由于每个用户端都与两个相邻的用户端相连,因而存在着点到点链路,但总是以单向方式操作,于是便有上游端用户和下游端用户之称。

（2）信息流在网络中是沿着固定方向流动的,两个节点仅有一条道路,故简化了路径选择的控制。

（3）环路上各节点都是自举控制,故控制软件简单;

（4）由于信息源在环路中是串行穿过各个节点,当环中节点过多时,势必影响信息传输速率,使网络的响应时间延长;

（5）环路是封闭的,不便于扩充;

（6）维护困难,对分支节点故障定位较难。

综上所述,环形拓扑结构以太网的性能差,因为它利用的是 IEEE 802.5 令牌环标准,传输性能低、连接用户少、可扩展性差、维护困难等这些都是它致命的弱点。

2）星形结构

星形结构用集线器或交换机作为网络的中央节点,网络中的每个节点连接到中央节点,节点之间通过中央节点进行信息交换,因各节点呈星状分布而得名。图 4 - 22 为星形结构。这类网络目前常用的传输介质是双绞线,如常见的五类双绞线、超五类双绞线等。

图 4 - 22　星形结构

在星形网络中,任何两个节点要进行通信都必须经由中央节点控制,因此中央节点的主要功能有:

（1）在要求通信的站点发出通信请求后,控制器要检查中央节点是否有空闲的通路,被叫设备是否空闲,从而决定是否能建立双方的物理链接;

（2）在两台设备通信的过程中要维持这一通路;

（3）当通信完成或者不成功要求拆线时，中央节点应能拆除上述通道。

星形结构的优点是：

（1）因为用户之间的通信必须经过中央节点，所以便于集中控制与日后维护，因而也更加安全。

（2）用户设备因为故障而停机时也不会影响其他用户间的通信。

（3）星形结构的网络延迟时间较短，传输误差较低。

该结构凭借着以上几个优点成为目前广泛而又首选使用的网络拓扑设计之一，在目前的企业网络中，几乎都是采用这一方式。

星形结构的缺点是：中央节点必须具有极高的可靠性，中央节点一旦损坏，整个系统便趋于瘫痪。因此，中央节点通常采用双机热备份，以提高系统的可靠性。

2. 通信协议和体系结构

1）通信协议

PLC 网络与计算机网络一样，也是由各种数字设备（如 PLC 计算机等）和终端设备通过通信线路连接起来的系统。要使其能协同工作实现信息交换和资源共享，它们之间必须具有共同的语言，交流什么、怎样交流及何时交流，都必须遵循某种互相都能接受的规则。这个规则就是"通信协议"。协议定义了数据单元使用的格式，信息单元应该包含的信息与含义，连接方式，信息发送和接收的时序，从而确保网络中数据能顺利地传送到确定的地方。

通信协议主要由以下三个要素组成：

① 语法："如何讲"，数据的格式、编码和信号等级（电平的高低）。

② 语义："讲什么"，数据内容、含义和控制信息。

③ 定时规则（时序）：明确通信的顺序、速率匹配和排序。

局域网中常用的通信协议主要包括 TCP/IP、NetBEUI 和 IPX/SPX 三种协议，每种协议都有其适用的应用环境。

传输控制协议的历史应当追溯到 Internet 的前身——ARPAnet 时代。为了实现不同网络之间的互联，美国国防部于 1977 年到 1979 年间制定了 TCP/IP（Transport Control Protocol/Internet Protocol）体系结构和协议。TCP/IP 是由一组具有专业用途的多个子协议组合而成的，这些子协议包括 TCP、IP、UDP、ARP、ICMP 等。TCP/IP 凭借其实现成本低、在多平台间通信安全可靠以及可路由性等优势迅速发展，并成为 Internet 中的标准协议。在 20 世纪 90 年代，TCP/IP 已经成为局域网中的首选协议，在最新的操作系统（如 Windows7、Windows XP、Windows Server 2003 等）中已经将 TCP/IP 作为其默认安装的通信协议。

NetBEUI（NetBIOS 增强用户接口）协议由 NetBIOS（网络基本输入/输出系统）发展完善而来，该协议只需简单的配置操作和较少的网络资源消耗，便可以提供非常好的纠错功能，是一种快速有效的协议。不过由于其有限的网络节点支持(最多支持 254 个节点)和非路由性,使其仅适用于基于 Windows 操作系统的小型局域网。

IPX/SPX(网际包交换/序列包交换)协议主要应用于基于 NetWare 操作系统的 Novell 局域网中,基于其他操作系统的局域网(如 Windows Server 2003)能够通过 IPX/SPX 协议与 Novell 网进行通信。在 Windows 2000/XP/2003 系统中,IPX/SPX 协议和 NetBEUI 协议被统称为 NWLink。

2) 体系结构

将网络体系进行分层就是把复杂的通信网络协调问题进行分解,再分别处理,使复杂的问题简化,便于网络的理解及各部分的设计和实现。分层的优点是:每一层实现相对独立的功能,下层向上层提供服务,上层是下层的用户;有利于交流、理解和标准化;协议仅针对某一层,为同等实体之间通信而制定;易于实现和维护;灵活性较好,结构上可分割。OSI 将计算机网络体系结构(architecture)划分为以下七层。

(1) 物理层规定了激活、维持、关闭通信端点之间的机械特性、电气特性、功能特性和过程特性。该层为上层协议提供了一个传输数据的物理媒体。在这一层,数据的单位称为"比特(bit)"。属于物理层定义的典型规范代表包括 EIA/TIA、RS – 232、EIA/TIA RS – 449、V. 35 和 RJ – 45 等。

(2) 数据链路层用于在物理介质上提供可靠的传输。该层的作用包括物理地址寻址、数据的成帧、流量控制、数据的检错、重发等。在这一层,数据的单位称为"帧(frame)"。数据链路层协议的代表包括 SDLC、HDLC、PPP、STP、帧中继等。

(3) 网络层负责对子网间的数据包进行路由选择。网络层还可以实现拥塞控制、网际互联等功能。在这一层,数据的单位称为"数据包(packet)"。网络层协议的代表包括 IP、IPX、RIP、OSPF、ARP、RARP、ICMP 和 IGMP 等。

(4) 传输层是第一个端到端(即主机到主机)的层次。传输层负责将上层数据分段并提供端到端的传输。此外,传输层还要处理端到端的差错控制和流量控制问题。在这一层,数据的单位称为"数据段(segment)"。传输层协议的代表包括 TCP、UDP 和 SPX 等。

(5) 会话层用来管理主机之间的会话进程,即负责建立、管理、终止进程之间的会话。会话层还可利用在数据中插入校验点来实现数据的同步。

(6) 表示层用于对上层数据或信息进行变换,以保证一台主机的应用层信息可以被另一台主机的应用程序理解。表示层的数据转换包括数据的加密、压缩和格式转换等。

(7) 应用层为操作系统或网络应用程序提供访问网络服务的接口。应用层协议的代表包括 Telnet、FTP、HTTP 和 SNMP 等。

美国电气和电子工程协会在 1980 年 2 月提出了"局域网络协议草案"(称

为 802 协议）。这是目前工业局域网用得最多的一种。该协议将 OSI 模型的最低两层分为三层，即物理信号层、介质存取控制层和逻辑链路层。

　　IEEE802 标准定义了 ISO/OSI 的物理层和数据链路层，其中物理层包括物理介质、物理介质连接设备（PMA）、连接单元（AUI）和物理收发信号格式（PS）。物理层的主要功能包括：实现比特流的传输和接收；信号的编码与译码；规定了拓扑结构和传输速率。数据链路层包括逻辑链路控制（LLC）层和介质存取控制（MAC）层。其中，逻辑链路控制层集中了与媒体接入无关的功能，具体来讲，LLC 层的主要功能是：建立和释放数据链路层的逻辑连接，提供与上层的接口（即服务访问点），给 LLC 帧加上序号及差错控制。介质访问控制层负责解决与媒体接入有关的问题和在物理层的基础上进行无差错的通信。MAC 层的主要功能是：将上层传下来的数据封装成帧进行发送，接收时对帧进行拆卸，将数据传给上层，以实现和维护 MAC 协议，进行比特差错检查与寻址。

4.6.2　现场总线

　　在传统的自动化工厂中，位于生产现场的许多设备和装置，如传感器、调节器、变送器、执行器等都是通过信号电缆与计算机、PLC 相连的。当这些装置和设备相距较远、分布较广时，就会使电缆的用量和敷设费用大大增加，造成了整个项目投资成本增加、系统连线复杂、可靠性降低、维护工作量增大、系统进一步扩展困难等问题，因此人们迫切需要一种可靠、快速、能经受工业现场环境、价格低廉的通信总线，将分散于现场的各种设备连接起来，实施对其监控。"现场总线（Field Bus）"就在这种背景下产生了。

　　现场总线始于 20 世纪 80 年代，到 90 年代其技术趋于成熟，并受到世界各自动化设备制造商和用户的广泛关注。它成为自动化技术发展的热点，并引起自动化系统结构与设备的深刻变革。"现场总线"是指以工厂内的测量和控制设备间的数字通信为主的网络，又称"现场网络"。它就是将传感器、各种操作终端和控制设备间的通信进行转化的网络。

　　总线的特点：现场控制设备具有通信功能，便于构成工厂底层控制网络；通信标准的公开、一致，使系统具备开放性，设备间可进行通信；控制功能下放到现场，使控制系统的结构具备高度的分散性。

　　总线的优点：现场总线使自控设备与系统步入了信息网络的行列，为其应用开拓了更为广阔的领域；一对双绞线上可挂接多台控制设备，便于节省安装费用和维护开销；提高了系统的可靠性；为用户提供了更为灵活的系统集成主动权。

　　总线的缺点：网络通信中数据包的传输延迟，通信系统的瞬时错误和数据包丢失，发送与到达次序的不一致等都会破坏传统控制系统原本具有的确定性，使得控制系统的分析与综合变得更为复杂，控制系统的性能受到一定程度的负面影响。

　　PLC 的生产商也将现场总线技术应用于各自的产品之中,构成工业局域网的底层,使得 PLC 网络成为自动控制领域发展的一个热点,给传统的工业控制技术带来了又一次革命。由于各个国家各个公司的利益之争,虽然早在 1984 年国际电工技术委员会/国际标准协会(IEC/ISA)就着手开始制定现场总线的统一标准,但至今仍未完成。很多公司也推出其各自的现场总线技术,但彼此的开放性和互操作性还难以统一,实际应用过程中 PLC 主站与从站通信使用现场总线,各大品牌 PLC 使用的现场总线不尽相同。世界上存在着大约 40 多种现场总线,如法国的 FIP,英国的 ERA,Field Bus Foundation,World FIP,Bit Bus,美国的 Device Net 与 Control Net 等。

　　这些现场总线大都用于过程自动化、医药、加工制造、交通运输、国防、航天、农业和楼宇等领域,大概不到十种的总线占有 80% 左右的市场。例如,西门子公司的 PLC 使用 PROFIBUS 现场总线;AB 品牌的 PLC 使用 CONTROLNET;施耐德品牌的 PLC 使用 MODBUS + 现场总线。

　　图 4 - 23 为西门子系列 PLC 使用 PROFIBUS 现场总线,如 S300 系列 PLC 可以通过 CP342 - 5 通信模块实现现场总线通信。

(a)　　　　　　　　　　　　(b)

图 4 - 23　PROFIBUS 总线

4.6.3　串行通信

　　串行接口按电气标准及协议来分包括 RS - 232 - C、RS - 422、RS485 等。RS - 232 - C、RS - 422 与 RS - 485 标准只对接口的电气特性做出规定,不涉及接插件、电缆或协议。

　　1. RS - 232 接口

　　RS - 232 也称"标准串口",是最常用的一种串行通信接口。它是在 1970 年由美国电子工业协会(EIA)联合贝尔系统、调制解调器厂家和计算机终端生产厂家共同制定的用于串行通信的标准。它的全名是"数据终端设备(DTE)和数

据通信设备(DCE)之间串行二进制数据交换接口技
术标准"。传统的 RS - 232 - C 接口标准有 22 根
线,采用标准 25 芯 D 型插头插座(DB25),后来简化
为 9 芯 D 型插座(DB9),如图 4 - 24 所示。现在应
用中 25 芯插头插座已很少采用。

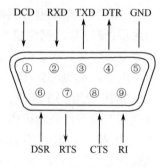

图 4 - 24   RS - 232 串口

    端口说明:DCD 接用于检测的载波信号;GND
信号地线;RXD 接收数据;DSR 数据准备好;TXD 发
送数据;RTS 请求发送;DTR 数据终端准备好;CTS
清除发送;RI 振铃提示。

    RS - 232 采取不平衡传输方式,即单端通信。
由于其发送电平与接收电平的差仅为 2 ~ 3V,因而其共模抑制能力差,再加上双
绞线上的分布电容,其传送距离约为几十米,最大传输速率为 20kbit/s。RS -
232 是为点对点(即只用一对收、发设备)通信而设计的,其驱动器负载为 3 ~
7kΩ,所以 RS - 232 适合本地设备之间的通信。

    2. RS - 422 接口

    RS - 422 标准全称是"平衡电压数字接口电路的电气特性",它定义了接口
电路的特性。典型的 RS - 422 是四线接口。实际上还有一根信号地线,共 5 根
线。由于接收器采用高输入阻抗和比 RS - 232 驱动能力更强的发送驱动器,故
允许在相同传输线上连接多个接收节点,最多可接 10 个节点。即一个主设备
(Master),其余为从设备(Salve),从设备之间不能通信,所以 RS - 422 支持点对
多的双向通信。接收器的输入阻抗为 4kΩ,故发送端最大负载能力是 10 ×4kΩ
+100Ω(终接电阻)。RS - 422 四线接口由于采用单独的发送和接收通道,因此
不必控制数据方向,各装置之间任何必需的信号交换均可以按软件方式(XON/
XOFF 握手)或硬件方式(一对单独的双绞线)实现。RS - 422 的最大传输距离
为 1219m,最大传输速率为 10Mbit/s。双绞线的长度与传输速率成反比,只有在
很短的距离下才能获得最高速率传输。一般 100m 长的双绞线上所能获得的最
大传输速率仅为 1Mbit/s。

    3. RS - 485 接口

    RS - 485 是从 RS - 422 基础上发展而来的,所以 RS - 485 许多电气规定与
RS - 422 相仿。如都采用平衡传输方式,都需要在传输线上接终接电阻等。
RS - 485 可以采用二线与四线方式,二线制可实现真正的多点双向通信,而采用
四线连接时,与 RS - 422 一样只能实现点对多的通信,即只能有一个主(Master)
设备,其余为从设备,但它比 RS - 422 有改进,无论四线还是二线连接方式总线
上最多可接 32 个设备。

    RS - 485 与 RS - 422 的不同还在于其共模输出电压是不同的,RS - 485 在
-7 ~ +12V 之间,而 RS - 422 在 -7 ~ +7V 之间,RS - 485 接收器的最小输入

阻抗为 12kΩ,RS – 422 是 4kΩ;由于 RS – 485 满足所有 RS – 422 的规范,因而 RS – 485 的驱动器可以用在 RS – 422 网络中。

RS – 485 与 RS – 422 一样,其最大传输距离约为 1219m,最大传输速率为 10Mbit/s。双绞线的长度与传输速率成反比,在 100kbit/s 速率以下,才可能使用规定最长的电缆长度。只有在很短的距离条件下才能获得最大传输速率。一般 100m 长双绞线的最大传输速率仅为 1Mbit/s。

整体式 PLC 把串行通信接口与 CPU 集成在一起,如图 4 – 25 所示的西门子 S200 系列 PLC。

图 4 – 25　西门子 S200 系列 PLC

也有通过特殊的通信模块实现串口通信的,如西门子 S300 系列使用的 CP340 通信处理模块,图 4 – 26 为 CP340 模块的实物图。

图 4 – 26　CP340 实物图

4.7　PLC 系统的配置

4.7.1　设置主站与远程站

当被控对象与主控室的距离较远时,需要在被控对象集中的地方设置"远程站"。由于远程站只需使用通信电缆与主站通信就可以完成控制功能,因而避免了必须将所有被控设备的信号电缆拉至主站,有效地节省了大量信号电缆。主控室如图 4 – 27 所示。

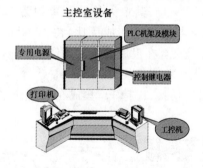

图 4 – 27　主控室设备

主站通过现场总线与远程站实现通信,执行用户程序,发送控制命令,对整个系统进行控制。在主站,操作人员可以直接监视生产现场的情况,发出控制指令远程控制生产现场。

一般把控制柜中带有 CPU 模块的机架或基板安放在控制室,带有 CPU 的机架或基板称为"主站",执行用户程序,远程发送控制指令,对整个生产现场进行监控。

在设备比较集中且距离主站较远的地方设置"远程站",远程站集中采集各个设备的信号,一般通过现场总线与主站通信,执行主站的控制命令并反馈执行情况。远程站控制柜(见图 4 – 28)一般只有电源模块、I/O 模块和现场总线通信模块等,没有 CPU 模块。

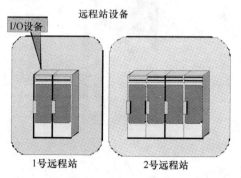

图 4 – 28　远程站控制柜布置图

4.7.2　控制系统网络结构

控制系统主要分为上位监控、主站和远程站三部分。其中,上位监控是指经交换机用以太网与 PLC 进行通信;PLC 主站通过现场总线与远程站进行通信,如图 4 – 29 所示。一般情况下,系统由 1 个主站及若干个远程站构成。

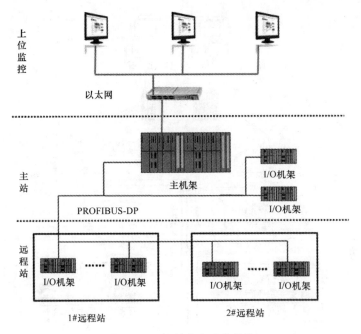

图 4 - 29　控制系统网络结构

操作人员在上位机界面上通过各种控制按钮对整套控制系统进行远程控制。主站 PLC 执行用户程序,向远程站发出控制指令,远程站根据该指令直接对设备进行启停动作输出,并将设备反馈信号传送回主站。远程站通过控制电缆或通信线与设备的就地控制箱、MCC 连接,以采集现场设备的状态,并控制现场设备的运转。

4.7.3　双机热备

当控制系统可以短时停机时,为了节省投资,一般采用单机控制,并备份 1 块 CPU,当主 CPU 发生故障时,换上备用 CPU 即可正常工作,这种方式一般称为"双机冷备"。

当控制系统采用单机配置时,主站一般包括主机架和若干个 I/O 机架。其中,主机架上插有电源模块、CPU、以太网通信模块、现场总线通信模块和 I/O 模块;I/O 机架上插有电源模块、现场总线通信模块和 I/O 模块。远程站一般包括若干个 I/O 机架,机架上插有电源模块、现场总线通信模块和 I/O 模块。

然而对于一些重要系统而言,当 CPU、通信模块发生故障时,会产生不可估量的损失以及严重的后果,因此一般采用"双机热备"配置,以保证控制系统长期、可靠的运行。

如图 4 - 30 所示的双机热备系统,上位机可以同时与两台交换机通信,当其中一台交换机出现故障时,仍然可以保证系统可靠地通信;主机架与备用机架通

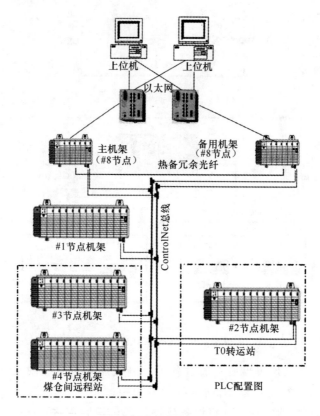

图 4-30 双机热备系统

过"热备冗余光纤"保证数据同步;远程站与主站的主机架和备用机架均使用两根电缆通信,提高了通信的可靠性,该控制系统采用了三层冗余设计。

双机冷备与双机热备的装配对比见表 4-1。

表 4-1 双机冷备与双机热备的装配对比

	双机冷备	双机热备
主站	1 个主机架和若干个 I/O 机架	1 个主机架、1 个备用机架(两机架配置完全相同)和若干个 I/O 机架
主机架	有电源模块、CPU、以太网通信模块、现场总线通信模块和 I/O 模块	有电源模块、CPU 模块、冗余同步模块(有些厂家将此功能集成在 CPU 中)、以太网通信模块、现场总线通信模块
I/O 机架	有电源模块、现场总线通信模块和 I/O 模块	有电源模块、现场总线通信模块和 I/O 模块
远程站	若干个 I/O 机架,机架上插有电源模块、现场总线通信模块和 I/O 模块	若干个 I/O 机架,机架上插有电源模块、现场总线通信模块和 I/O 模块

4.7.4　PLC 编程软件及上位监控组态软件简介

1. PLC 编程软件

PLC 与其他硬件平台一样,需要有自己的编程环境。PLC 一般作为下位机,用做控制站,PLC 厂家会提供专门的程序开发软件,可进行离线或在线编程。同一厂家的 PLC,不同系列的产品可能采用不同的编程环境,在购买 PLC 硬件时需要咨询其技术支持。比较常用的编程环境有西门子的 STEP7,施耐德的 UnityPro,AB 的 RSLOGIX5000 等。

一般编程软件均支持以下五种 IEC 语言:梯形图(LD)、功能块图(FBD)、顺序功能图(SFC)、结构化文本(ST)及指令表(IL)。五种 IEC 语言的详细说明见第 5 章。

在实际编程过程中,一般采用梯形图编程语言,在本书第 5 章中也将着重讲解梯形图编程语言的使用方法。

2. PLC 控制程序应用软件包

工程技术人员在 PLC 编程软件平台上针对相应工程应用,进行逻辑控制程序的开发,以完成各项控制功能,最终形成的应用软件,工程上称为"PLC 控制程序应用软件包"。

3. 上位监控组态软件

与下位机相对应,上位机是 PLC 和用户之间进行信息交换的媒介,也就是人机接口界面(HMI),对 HMI 的编程由上位监控组态软件实现。

上位监控组态软件简称监控组态软件,英文简写为 SCADA(Supervision Control and Data Acquisition,译为数据采集与监视控制)。组态软件是指一些数据采集与过程控制的专用软件,是自动控制系统监控层级别的软件平台和开发环境,它使用灵活的组态方式,为用户提供快速构建工业自动控制系统监控功能的、通用层次的软件工具。例如,当用户需要在 C ++ 环境下开发自己的 C 语言源程序时,要选用 VC ++、BORLANDC 等开发环境,上位监控组态软件就如VC ++等开发环境一样,为用户开发人机接口界面提供软件开发平台。

组态软件是一个使用户能快速建立自己的 HMI 的软件工具或开发环境。当然对于小型控制系统,工程师可采用 VB、VC 等计算机语言开发自己的 HMI。但当系统规模较大时,此种模式开发时间长、效率低、可靠性差,很难与外界进行数据交互,而且升级和增加功能都受到严重的限制。组态软件的出现,把用户从这些困境中解救出来,使他们可以通过利用组态软件的功能来构建一套最适合自己的应用系统。组态软件能支持各种工控设备和常见的通信协议(如工业以太网、常用的现场总线及串行接口),并且通常能提供分布式数据管理和网络功能。随着它的快速发展,其主要内容涵盖了实时数据库、实时控制、SCADA、通信及联网、开放数据接口、各种应用图库等。在监控软件的基础上,工程师可在较短时间内开发出形象逼真的监控操作画面。随着技术的发展,监控组态软件的功能不断完善,已在石油化工、电力、钢铁、环保等领域得到了广泛应用。

4. 上位监控应用软件

用户在上位监控组态软件的开发环境中,可根据自己控制系统的工艺流程图及控制要求,开发自己的上位机应用界面。这样开发出来的应用程序,工程上称为"上位监控应用软件"(或称"上位监控软件包")。上位监控应用软件具有数据显示、控制、通信等功能。

(1)数据显示功能:上位监控应用软件通过与系统硬件的实时通信,可采集现场设备的实时状态,并在上位机上进行显示。在上位监控应用软件中一般有控制系统工艺流程总画面及各种分画面,各种模拟量的历史及实时趋势图,报警管理画面、系统参数设定画面、报表管理画面和系统诊断画面等。画面直观形象,运行人员可实时监控各设备的运行状态。

(2)控制功能:上位监控应用软件通过与系统硬件的实时通信,可下发控制指令给系统硬件(如 PLC),以控制现场设备的启动与停机等。在上位监控应用软件中一般有自动启停指令按钮,所有工艺设备的手动操作视窗等,并具有进行检修设备挂牌,模拟量上、下报警限的设定,报警处理、系统统计报表等功能。

(3)通信功能:上位监控应用软件可以同时与多套硬件设备进行通信,通信协议包括工业以太网、常用的现场总线和串行接口等,为多套控制系统的集中监控提供了软件支撑。

5. 常用组态软件介绍

1)InTouch

Wonderware 的 InTouch 软件是最早进入中国的组态软件。在 20 世纪 80 年代末、90 年代初,基于 Windows3.1 的 InTouch 软件曾让我们耳目一新,并且 InTouch 提供了丰富的图库。但是,早期的 InTouch 软件采用 DDE 方式与驱动程序通信,性能较差。从 InTouch7.0 版开始,它已经完全基于 32 位的 Windows 平台,并且提供了 OPC 支持。现在最新版本的 InTouch10,不仅可提供非常丰富的图库及强大的绘图功能,而且采用了客户机/服务器应用模式,具有强大的脚本功能,还有多种通信协议可供用户选择。InTouch 软件为用户提供了一个通用的开发环境和一个灵活的体系结构,使用户可以为任何自动化应用场合建立灵活的应用。

2)iFIX

Intellution 公司以 FIX 组态软件起家,1995 年被爱默生集团收购,现在是爱默生集团的全资子公司。iFIX 提供了强大的组态功能,原有的 Script 语言改为 VBA(Visual Basic For Application),并且在内部集成了微软的 VBA 开发环境。在 iFIX 中,Intellution 的产品与 Microsoft 的操作系统、网络进行了紧密的集成。Intellution 也是 OPC(OLE for Process Control)组织的发起成员之一。iFiX 的 OPC

组件和驱动程序需要单独购买。

3）WinCC

Siemens 的 WinCC 也是一套完备的组态开发环境，Siemens 提供类 C 语言的脚本，包括一个调试环境。WinCC 内嵌 OPC 支持，并可对分布式系统进行组态。但 WinCC 的结构较复杂，用户最好经过 Siemens 的培训以掌握 WinCC 的应用。

4）组态王 KingView

组态王是亚控公司在国内率先推出的工业组态软件产品。

最新版本的组态王 KingView6.55 不仅传承了早期版本功能强大、运行稳定、使用方便的特点，而且完善和扩充了曲线、报表及 web 发布等功能。经过多年市场实践磨砺，组态王的功能性和易用性有了极大的提高。该产品已广泛应用于大陆的各行各业，同时在美洲、欧洲、日本和东南亚等国际市场也被成功应用于市政、交通、环保、大型设备等多个领域。

KingView 是国内较有影响的组态软件。KingView 提供了资源管理器式的操作主界面，并且提供了以汉字作为关键字的脚本语言支持，还提供了多种硬件驱动程序。

5）MCGS

MCGS（Monitor and Control Generated System）是北京昆仑通态自动化软件科技有限公司研发的一套基于 Windows 平台的，用于快速构造和生成上位机监控系统的组态软件系统，主要用于完成现场数据的采集与监测、前端数据的处理与控制，可运行于 Microsoft Windows 95/98/Me/NT/2000/xp 等操作系统。

MCGS 组态软件包括三个版本，分别是网络版、通用版和嵌入版，可支持多种硬件平台，全中文可视化组态软件，简洁、大方，使用方便灵活；提供了近百种绘图工具和基本图符，可快速构造图形界面，支持 ODBC 接口，可与 SQL Server、Oracle、Access 等关系型数据库互联；支持 OPC 接口、DDE 接口和 OLE 技术，可方便的与其他各种程序和设备互联。

国内目前最常用的监控组态软件为 iFIX 和组态王，而且组态王价格很便宜，全中文应用界面，可满足大多数工程需求。iFIX 和组态王均支持西门子、AB、施耐德等常用的 PLC 品牌。

4.8　系统配置实例

4.8.1　PLC 应用系统开发过程

第一步，了解整套控制系统的工艺流程和设备分布状况，确定系统主站的位置以及远程站的位置及数量；

第二步，根据每个设备的一次接线图及二次接线图，确定系统每个设备的

I/O 清单和主站与各远程站的总 I/O 清单,进行 PLC 选型,根据系统 I/O 点的余量要求确定 PLC 各类模块的数量;

第三步,对每个设备的 I/O 点与 PLC 模块的输入点、输出点进行地址分配,绘制 PLC 硬件配置图、控制柜接线图;

第四步,根据系统工艺流程图及控制要求,编制 PLC 应用逻辑程序及上位机监控画面,并进行仿真调试;

第五步,软硬件结合在电装车间进行调试,然后运至施工现场;

第六步,在使用现场,配合设备进行现场调试,验收完毕后交付厂家正式使用。

4.8.2 PLC 配置

目前,常用的 PLC 品牌有西门子、施耐德和 AB。各个品牌下的 PLC 机型各式各样,选择机型时在保证满足控制功能的前提下应考虑以下两点。

(1) 功能强弱,功能越多越强大的 PLC,相应的价格也当然越高,所以根据控制要求,合理地选择机型很重要。对于一般开关量控制,速度要求不是很高的控制系统,此时可以挑选一些低档 PLC 即可;若有少量模拟量处理要求,可以优先考虑中档机;当控制系统比较复杂,功能要求高时,要选择高档机型,如一个大规模的工厂自动化控制系统。

(2) 环境适应性,各个品牌 PLC 厂家设计时虽然已经充分考虑到工业生产现场环境的恶劣情况,但是 PLC 对环境还是有一定要求的,在选用时要充分考虑到现场环境条件。

PLC 系统的容量包括输入点数、输出点数和存储器容量。对于 I/O 点数的选择,在充分考虑控制要求的情况下要留有一定余量,便于今后对控制系统进行调整和升级,通常保留 10% ~15% 的备用量。存储器容量随着当前存储介质的发展,正常情况下足以满足要求,一般存储量预留 20% ~35% 的余量。

在 I/O 模块选择方面,开关量输入模块的选择要考虑输入信号与输入模块的距离,距离较远时要考虑高电压模块。输出模块需考虑输出方式,如继电器输出虽然价格便宜,隔离能力强,适用范围广,但是继电器触电寿命较短,响应慢,不适用于开关动作频繁的情况;还要考虑输出的驱动能力是否满足控制要求。

在电源选择方面,选择电源应放在所有模块确定之后,统计各个模块消耗的电流总和,然后从用户手册中选择合适的电源模块。

现以某化工厂公用工程输煤程控系统为例,设计完整的 PLC 系统。主要设备集中的地方有配电室、翻车机附近和 1 个转运站。

第一步,熟悉系统工艺流程,了解主要设备的地理位置,了解主控室、MCC 控制柜布放位置,设置主站与若干个远程站。

配电室上层为输煤控制系统控制室,控制系统主站(包括 CPU、本地 I/O 柜)安放在控制室中,因此配电室部分电气 I/O 直接接入主站。

在输煤系统总体转运站设置一个远程站,此远程站与主站之间通过现场总线进行通信。

翻车机是指一种用来翻卸铁路敞车散料的大型机械设备,可将有轨车辆翻转或倾斜使之卸料的装卸机械,适用于运输量大的港口和冶金、煤炭、热电等工业部门。矿井下的矿车也大多采用小型翻车机卸车,翻车机可以每次翻卸 1~4 节车皮。在翻车机附近设置远程 I/O 站。

第二步,根据设备一次接线图及二次接线图统计各站的 I/O 总数,见表 4-2。

表 4-2　I/O 总数统计表

主控室(配电室)			
项　目	DI	DO	AI(4~20mA)
实际测点数量合计	28	14	2
考虑 20% 余量后测点数量	34	17	3
IO 模块配置	32 点 ×1	32 点 ×1	8 点 ×1
余　量	14%	128%	300%
远程 IO 站 1(翻车机附近)			
项　目	DI	DO	AI(4~20mA)
实际测点数量合计	132	54	2
考虑 20% 余量后测点数量	159	64	3
IO 模块配置	32 点 ×5	32 点 ×2	8 点 ×1
余　量	21%	18%	300%
远程 IO 站 2(总体转运站)			
项　目	DI	DO	AI(4~20mA)
实际测点数量合计	40	22	2
考虑 20% 余量后测点数量	48	27	3
IO 模块配置	32 点 ×2	32 点 ×1	8 点 ×1
余　量	60%	45%	300%

第三步,按照控制系统要求和 I/O 总数来选择 PLC 品牌及各个模块数量,见表 4-3。

表 4-3　PLC 详细配置清单

序号	名称/概述	型　号	数量	单位	厂家	产地
一	双机热备及编程软件					
1	CPU 模块,CPU414-5H,4M,18.75ns 1个 DP 接口;1个 DP/MPI 接口 1个 PN 口(带2口交换机接口)	6ES7414-5HM06-0AB0	2	块	西门子	德国

（续）

序号	名称/概述	型 号	数量	单位	厂家	产地
2	电源模块,PS407, AC120/230V,10A	6ES7407 - 0KR02 - 0AA0	2	块	西门子	德国
3	机架,UR2 - H	6ES7400 - 2JA00 - 0AA0	1	块		
4	同步模块	6ES7960 - 1AA06 - 0XA0	4	块	西门子	德国
5	1m 同步光纤	6ES7960 - 1AA04 - 5AA0	2	块	西门子	德国
6	电池	6ES7971 - 0BA00	4	块	西门子	德国
7	总线连接器	6ES7972 - 0BA42 - 0XA0	2	块	西门子	德国
8	编程软件	Step 7	1	套	西门子	德国
二	主控室(10kV 配电室内)					
1	ET200M DP 冗余接口模板	6ES7153 - 2AR03 - 0XA4	2	套	西门子	德国
2	热插拔 DIN 导轨,620mm	6ES7195 - 1GG30 - 0XA0	2	块	西门子	德国
3	OLM/G11 1 个 RS - 485 接口,2 * BFOC 玻璃光纤接口	6GK1503 - 2CB00	2	块	西门子	德国
4	总线模块(热插拔),BM2 ×40	6ES7195 - 7HB00 - 0XA0	2	块	西门子	德国
5	数字量输入模块 SM321(32DI), 32 点输入, 含 40 针前连接器	6ES7321 - 1BL00 - 9AM0	1	块	西门子	德国
6	数字量输出模块 SM322(32DO) 32 点出,含 40 针前连接器	6ES7322 - 1BL00 - 9AM0	1	块	西门子	德国
7	模拟量输入模块 SM331(8AI) 8 点入,9/12/14 位分辨率, 含 20 针前连接器	6ES7331 - 7KF02 - 9AJ0	1	块	西门子	德国
三	远程 IO 站1(翻车机附近)					
1	ET200M DP 冗余接口模板	6ES7153 - 2AR03 - 0XA4	2	套	西门子	德国
2	热插拔 DIN 导轨,620mm	6ES7195 - 1GG30 - 0XA0	2	块	西门子	德国

（续）

序号	名称/概述	型号	数量	单位	厂家	产地
3	OLM/G11 1 个 RS – 485 接口，2 * BFOC 玻璃光纤接口	6GK1503 – 2CB00	2	块	西门子	德国
4	总线模块（热插拔），BM2 * 40	6ES7195 – 7HB00 – 0XA0	4	块	西门子	德国
5	数字量输入模块 SM321（32DI），32 点输入，含 40 针前连接器	6ES7321 – 1BL00 – 9AM0	5	块	西门子	德国
6	数字量输出模块 SM322（32DO）32 点出，含 40 针前连接器	6ES7322 – 1BL00 – 9AMO	2	块	西门子	德国
7	模拟量输入模块 SM331（8AI）8 点入，9/12/14 位分辨率，含 20 针前连接器	6ES7331 – 7KF02 – 9AJ0	1	块	西门子	德国
四	远程 IO 站 2（#2 总体转运站）					
1	ET200M DP 冗余接口模板	6ES7153 – 2AR03 – 0XA4	2	套	西门子	德国
2	热插拔 DIN 导轨，620mm	6ES7195 – 1GG30 – 0XA0	2	块	西门子	德国
3	OLM/G11 1 个 RS – 485 接口，2 * BFOC 玻璃光纤接口	6GK1503 – 2CB00	2	块	西门子	德国
4	总线模块（热插拔），BM2 * 40	6ES7195 – 7HB00 – 0XA0	2	块	西门子	德国
5	数字量输入模块 SM321（32DI），32 点输入，含 40 针前连接器	6ES7321 – 1BL00 – 9AM0	2	块	西门子	德国
6	数字量输出模块 SM322（32DO）32 点出，含 40 针前连接器	6ES7322 – 1BL00 – 9AM0	1	块	西门子	德国
7	模拟量输入模块 SM331（8AI）8 点入，9/12/14 位分辨率，含 20 针前连接器	6ES7331 – 7KF02 – 9AJ0	1	块	西门子	德国
8	DP 通信电缆		100	米	西门子	德国

图 4 - 31 所示为 PLC 系统配置图。

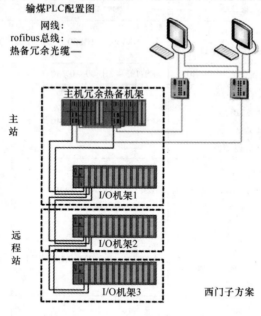

图 4 - 31　PLC 系统配置图

思考与练习

4 - 1　PLC 的硬件系统主要由哪几部分组成?

4 - 2　PLC 能处理的信号都有哪些类型?

4 - 3　试叙述 PLC 的工作过程。

4 - 4　为什么设置了主站以后还要设置远程站?

4 - 5　双机热备的目的是什么?

第 5 章
PLC 软件编程基础

5.1 PLC 主要编程语言

国际电工委员会制定的工业控制编程语言标准(IEC1131 – 3)中的编程语言有以下几种:顺序功能图(Sequential Function Chart)、梯形图(Ladder Diagram)、功能块图(Function Block Diagram)、指令表(Instruction List)和结构化文本(Structured Text)。

5.1.1 顺序功能图

顺序功能图语言是为了满足顺序逻辑控制而设计的编程语言。编程时,将顺序流程动作的过程分成步和转换条件,根据转换条件对控制系统的功能流程顺序进行分配,一步一步地按照顺序动作。每一步代表一个控制功能任务,用框表示。在框内含有用于完成相应控制功能任务的梯形图逻辑,如图 5 – 1 所示。这种编程语言的优点是程序结构清晰,易于阅读及维护,编程的工作量小以及缩短了编程和调试时间,在数控机床领域得到了广泛使用。

顺序功能图编程语言的特点:以功能为主线,按照功能流程的顺序分配,条理清楚,便于理解;相比梯形图或其他语言,避免了因机械互锁而造成的用户程序结构复杂、难以理解的缺陷,更易实现顺序控制;用户程序简单,扫描时间缩短;程序易于修改,操作维护方便。其中最重要的三个元素就是步、转换和动作,下面用一实例进行说明。

如图 5 – 2 所示,一台自动拉煤车从 B 往 A 处拉煤,在 A 处有卸煤传感器 XM,若拉煤车拉来的煤已卸下车,传感器输出"1";还有一个位置传感器 XA,当拉煤车处于 A 处时,该传感器输出"1";卸煤铲由 Y1 信号控制,Y1 为"1"时开始卸煤。在 B 处有装煤传感器 ZM,当拉煤车已装满时输出"1";位置传感器 XB,当拉煤车在 B 处时输出"1";装煤铲由 Y2 信号控制,Y2 为"1"时开始装煤;Y3 信号控制拉煤车由 A 开往 B;Y4 信号控制拉煤车由 B 开往 A。

分析:拉煤车的工作流程共有四步:在 A 处卸煤;从 A 开往 B;在 B 处装煤;

从 B 开往 A。

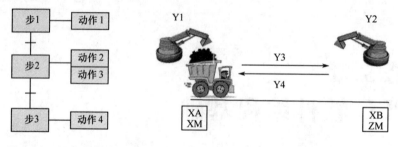

图 5-1 顺序功能图　　　　　图 5-2 拉煤车示意图

四步的转换取决于传感器的检测信号。步一的动作是输出信号 Y1,在 A 处卸煤;XM 为 1 时转为步二,步二输出信号 Y3,拉煤车从 A 开往 B;XB 为 1 时转为步三,步三输出信号 Y2,在 B 处装煤;当 ZM 为 1 时转为步四,步四输出信号 Y4,拉煤车从 B 开往 A;当 XA 为 1 时转为步一,进行下一次循环。

5.1.2　功能块图

功能块图(见图 5-3)语言是与数字逻辑电路类似的一种 PLC 编程语言。采用功能模块图的形式来表示模块所具有的功能,不同的功能模块有不同的功能。功能模块图程序设计语言的特点是:以功能模块为单位,易于分析、理解控制程序;用图形的形式表达功能,直观性强,对于具有数字逻辑电路基础的设计人员很容易掌握;能够清楚地表达功能关系,使编程调试时间缩短。

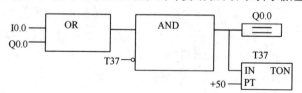

图 5-3 功能块图

5.1.3　指令表

指令表语言是与汇编语言类似的一种助记符编程语言,与汇编语言一样,它由操作码和操作数组成。在无计算机的情况下,适合采用 PLC 手持编程器来编制用户程序。同时,指令表语言与梯形图语言一一对应,在 PLC 编程软件下可以相互转换。

5.1.4　结构化文本

结构化文本语言是用结构化的描述文本来描述程序的一种编程语言,是类似于高级语言的一种编程语言。在大中型的 PLC 系统中,常采用结构化文本来描述控制系统中各个变量的关系,主要用于其他编程语言较难实现的复杂逻辑程序的编制。

　　结构化文本语言采用计算机描述方式来描述系统中各种变量之间的运算关系,完成所需的功能或操作。大多数 PLC 制造商采用的结构化文本编程语言与 BASIC 语言、PASCAL 语言或 C 语言等高级语言相类似,但为了应用方便,在语句的表达方法和种类等方面都进行了简化。

　　结构化文本语言的优点:采用高级语言进行编程,可以完成较复杂的控制运算;需要具有一定的计算机高级语言的知识和编程技巧,对工程设计人员要求较高。缺点是直观性和操作性较差。

5.1.5　梯形图

　　梯形图是最直观的编程语言,与继电器控制电路有异曲同工之妙。梯形图中沿用了继电器控制电路的一些图形符号,这些图形符号被称为"编程元件",每一个编程元件对应一个地址空间。不同厂家的 PLC 编程元件的种类、符号和命名方式不尽相同,但基本元件的功能相差不大。本书中使用西门子系列 PLC 的图形与命名方法(见表 5 - 1)。

表 5 - 1　梯形图符号与继电器符号

	常开触点	常闭触点	线圈
继电器	／	｜	▭
梯形图	─┤├─	─┤╱├─	─（　）─

　　梯形图编程是 PLC 中使用最普遍的图形编程语言,也是工程技术人员使用最广泛的编程语言。为什么梯形图会受到 PLC 开发人员的如此热捧?这主要是因为梯形图与电气控制系统的电路图很相似,具有直观易懂的优点,很容易被工厂电气工程人员掌握,特别适用于开关量逻辑控制。因此,梯形图常称为"逻辑控制程序",梯形图的设计也称为"编程"。梯形图具有以下几个重要特点:

　　(1) PLC 梯形图中的某些编程元件沿用了继电器这一名称,如输入继电器、输出继电器、内部辅助继电器等,但是它们不是真实的物理继电器(即硬件继电器),而是在软件中使用的编程元件。每一个编程元件与 PLC 存储器中元件映像寄存器的一个存储单元相对应。以虚拟辅助继电器为例,如果该存储单元为 0 状态,梯形图中对应的编程元件的线圈"断电",其常开触点断开,常闭触点闭合,称该编程元件为 0 状态,或称该编程元件为 OFF 状态(断开)。如果该存储单元为 1 状态,对应编程元件的线圈"通电",其常开触点接通,常闭触点断开,称该编程元件为 1 状态,或称该编程元件为 ON 状态(接通)。

　　(2) 根据梯形图中各触点的状态和逻辑关系,求出与图中各线圈对应的编程元件的状态,称为梯形图的逻辑解算。逻辑解算是按梯形图中"从上到下、从左至右"的顺序进行。前面解算的结果马上可以被后面的逻辑解算所利用。逻辑解算是根据输入映像寄存器中的值,而不是根据瞬时外部输入触点的状态。

(3) 梯形图中各编程元件的常开触点和常闭触点均可以无限次使用。

(4) 虚拟输入继电器的状态仅仅取决于对应的外部输入电路的通断状态,因此在梯形图中不能出现虚拟输入继电器的线圈。

虚拟输入继电器是 PLC 与外部输入点对应的内部记忆储存基本单元。它由外部送来的输入信号驱动,其值为 0 或 1。虚拟输入继电器的干接点可无限次使用。无输入信号对应的虚拟输入继电器只能空着,不能移作他用。

虚拟输出继电器是 PLC 与外部输出点(用来连接外部负载)对应的内部记忆存储单元。它可以由虚拟输入继电器、内部辅助继电器、内部定时器以及它自身的干接点驱动。输出继电器的干接点可无限次使用,无对应外部输出点的输出继电器,可当作内部辅助继电器使用。编程时所有虚拟线圈只可以出现一次。

PLC 内部具有大量的内部辅助继电器,程序中可任意使用。

梯形图编程语言与设备的二次接线图相对应,具有直观性和对应性;与原有继电器控制系统相一致,电气设计人员易于掌握,轻松上手。图 5-4 所示的 PLC 等效电路图有助于理解 PLC 的工作过程。图中,I0.0、I0.1 为虚拟输入继电器,Q0.0、Q0.1 为虚拟输出继电器。

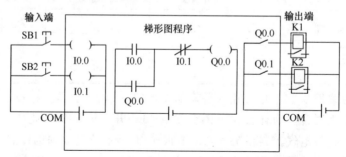

图 5-4 PLC 等效电路图

虚拟输入继电器指示了输入点的状态。当触点为常开触点时,若输入信号为高电平,则对应的存储位为 1,允许能流通过;反之则不允许能流通过。当触点为常闭触点时,只有对应的存储位为 0 才允许能流通过;反之则不允许能流通过。

虚拟输出继电器将逻辑运算的结果写入输出映像寄存器,从而决定下一个扫描周期中的输出端子的状态,输出端子的状态改变要等到集中刷新处理后才能表现出来,当然也可以用中间继电器将逻辑运算结果写入内部存储器,以备后面的程序使用。在程序中,输出线圈只能出现一次,在一个扫描周期中若有能流达到,对应的存储位为 1,否则为 0。

1. 置位与复位线圈

在西门子 200 系列中还有置位与复位线圈(见图 5-5),程序中的符号分别是在线圈内加 S 与 R,如图 5-5 所示。当能流到达时,相对应的虚拟输出继电器线圈会接通或断开。

$$—(\ S\ )—\qquad\qquad —(\ R\ )—$$
$$Q0.0\qquad\qquad\qquad Q0.0$$

图 5-5　置位与复位线圈

2. 定时器功能模块

由于现场各设备之间和同一设备不同执行元件之间均有联锁关系和时序关系,因此在编程过程中需要使用"定时器"。例如,设备 A 启动 5s 后才能启动 B 设备;控制水泵与电磁阀,电磁阀打开后延时一段时间才能开启水泵等。

西门子中的定时器按照功能可分为通电延时定时器(TON)、有记忆的通电延时定时器(TONR)和断电延时定时器(TOF)。

(1) 通电延时定时器(见图 5-6),当使能端 IN 输入有效时,定时器开始计时,当前值从 0 开始递增,大于或等于预置值(PT)时,定时器的输出状态位置 1(输出触点有效),当前值的最大值为 32767。使能端输入无效时,定时器复位(当前值清零,输出状态位置 0)。

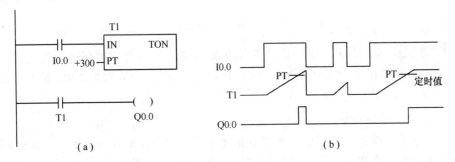

图 5-6　通电延时定时器

(2) 有记忆的通电延时定时器(见图 5-7),当使能端 IN 输入有效时,定时器开始计时,当前值递增,待当前值大于或等于预置值(PT)时,输出状态位置 1。使能端输入无效时,当前值保持,使能端再次接通有效时,在原记忆值的基础上递增计时。有记忆的通电延时定时器必须采用线圈的复位指令(R)进行复位操作,当复位线圈有效时,定时器的当前值清零,输出状态位置 0。

(3) 断电延时定时器(见图 5-8),当使能端 IN 输入有效时,定时器的输出状态位立即置 1,当前值复位。使能端断开时,开始计时,当前值从 0 递增,达到预置值时,定时器状态位复位置 0,并停止计时,当前值保持。

西门子 S7-200 系列的 PLC 中共有 256 个定时器,每个定时器都有唯一的

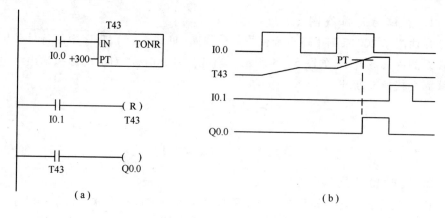

图 5-7 有记忆的通电延时定时器

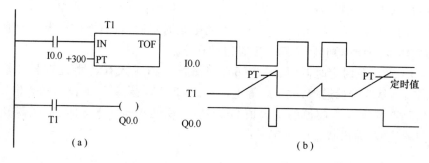

图 5-8 断电延时定时器

编号,不同的编号决定了定时器的不同功能,而某一个标号定时器的功能是固定的。TON 和 TOF 定时器使用相同的编号,即当使用了 TON 的 T32 时,就不能再使用 TOF 的 T32。

3. 沿检测线圈

信号沿的检测主要包括上升沿检测和下降沿检测,若某一信号在当前扫描周期为低电平而在下一个扫描周期变为高电平,则该信号为上升沿信号;反之则为下降沿信号,沿检测线圈检测到相应沿信号后接通一个扫描周期。

I0.0 的信号波形图如图 5-9 所示,一个周期由 4 个过程 1、2、3、4 组成。过程 1 为断开状态;过程 2 为接通的瞬间状态,即由断开到接通的瞬间过程;过程 3 为接通状态;过程 4 为断开的瞬间状态,即由接通到断开的瞬间过程。其中,过程 2 为脉冲的上升沿;过程 4 为脉冲的下降沿。

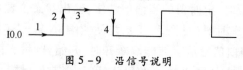

图 5-9 沿信号说明

应用实例:每按下按钮一次,变量存储器中的值加 1。如图 5-10 所示,其中,INC_B 指令是"加 1"指令,如不加 I0.1 上升沿指令,当 I0.0 接通时,VB1 内的数据就加 1,并且只要条件接通,PLC 每扫描一次,VB1 内的数据都加 1。I0.1 是一个上升沿指令(对应按钮输入指令,当 P 为 N 时为下降沿指令),当 I0.0 接通,I0.1 由断开到接通时,I0.1 只接通一个扫描周期,所以 VB1 内的数据只加 1。若 I0.1 不是上升沿指令,为普通输入线圈,则 I0.1 在持续的接通时间内,VB1 内的数据随着 PLC 的扫描过程而递增,即 PLC 每扫描一次,VB1 内的数据就加 1。

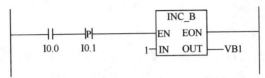

图 5 - 10　上升沿应用实例

4. 计数器指令

计数器指令有增计数器指令和减计数器指令两种,如图 5 - 11 所示。

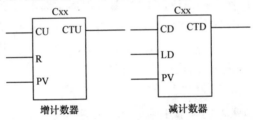

图 5 - 11　增减计数器

(1) 增计数器指令:从当前计数值开始,在每一个输入(CU)状态从低到高时递增计数。当 Cxx 的当前值大于等于预置值(PV)时,计数器位 Cxx 置位。当复位端(R)接通或者执行复位指令时,计数器被复位。

(2) 减计数器指令:从当前计数值开始,在每一个输入(CD)状态从低到高时递减计数。当装载输入端(LD)接通时,计数器被复位,并将计数器的当前值设为预置值(PV)。

减计数器应用实例如图 5 - 12 所示。图(a)中,当 LD 接通时,C1 值被设置为预置值 3,在 I0.0 为上升沿时 C1 值减 1,实现减计数器功能。

5. 中断指令

中断功能是 PLC 的重要功能,用于及时处理与用户程序执行时序无关的操作,或者不能事先预测何时发生的"事件"。

PLC 使用中断服务程序来响应这些内部、外部的中断事件。中断服务程序需要通过用户编程与特定的中断事件联系起来才能工作。中断服务程序与子程序最大的不同是:中断服务程序不能由用户程序调用,而只能由特定的事件触发执行。

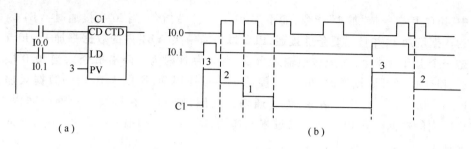

图 5 – 12 减计数器实例

中断类型包括 IO 中断、定时中断和通信中断。其中,IO 中断可以通过外部的 IO 点来触发中断子程序,可以设置成上升沿触发和下降沿触发等多种形式;定时中断是固定时间间隔触发一次中断程序;通信中断可以在数据接收完成、发送完成或报文接收完成时触发中断服务程序。

西门子 PLC 中有预置的组织块,在这些组织块中写好的程序会在相应事件触发后执行。例如 CPU315(6ES7 315 – 2AG10 – 0AB0),在 STEP7 V5.3 常用 OB 组织块,包括程序循环组织块(OB1)、日期时间中断组织块(以 OB10 为例)、延时中断组织块(以 OB20 为例)、循环中断组织块(以 OB35 为例)、硬件中断组织块(以 OB40 为例)、诊断中断组织块(以 OB82 为例)等。具体应用中断指令时可参考 STEP7 软件说明书,这里不再详述。

6. PID 功能模块

PID 运算是模拟量控制环节中最常用的一种算法,是为提高系统的稳定性和响应特性而进行的自动闭环调节。

PID 控制器根据偏差的比例(P)、积分(I)和微分(D)进行控制量的调节,是工业应用最广泛的一种控制器。它具有原理简单、易于实现、适用面广、控制参数相互独立、参数的选定比较简单等优点。而且在理论上可以证明,对于过程控制的典型对象"一阶滞后 + 纯滞后"及"二阶滞后 + 纯滞后",PID 控制器是一种最优控制。PID 调节是连续系统动态品质校正的一种有效方法,其参数整定方式简便,结构改变灵活,有些应用只需要 PID 控制器的部分单元,将不需要单元的参数设为零即可,因此又引申出 PI 控制器、PD 控制器。对于非线性复杂系统,又可与其他控制算法融合,如模糊 PID 控制器、自适应 PID 控制器等。

PID 调节器是一种线性调节器,它将给定值 $r(t)$ 与实际输出值 $c(t)$ 的偏差 $e(t)$ 进行比例(P)、积分(I)、微分(D)的线性组合,构成控制量,对控制对象进行控制。

PID 调节的微分方程是

$$u(t) = K_P \left[e(t) + \frac{1}{T_I} \int_0^t e(t)\,\mathrm{d}t + T_D \frac{\mathrm{d}e(t)}{\mathrm{d}t} \right]$$

PID 调节的传递函数是

$$D(S) = \frac{U(S)}{E(S)} = K_P\left(1 + \frac{1}{T_I S} + T_D S\right)$$

PID 调节器各校正环节的作用:

(1) 比例环节:即时成比例地反映控制系统的偏差信号 $e(t)$,一旦产生偏差,调节器立即产生控制作用以减小偏差。

(2) 积分环节:主要用于消除静差,提高系统的无差度。积分作用的强弱取决于积分时间常数 T_I,T_I 越大,积分作用越弱,反之则越强。

(3) 微分环节:能反映偏差信号的变化趋势(变化速率),并能在偏差信号的值变得太大之前,在系统中引入一个有效的早期修正信号,从而加快系统的调节速度,缩短调节时间。

PID 参数的确定有这样一段口诀:参数整定找最佳,从小到大顺序查;先是比例后积分,最后再把微分加;曲线振荡很频繁,比例度盘要放大;曲线漂浮绕大弯,比例度盘往小扳;曲线偏离回复慢,积分时间往下降;曲线波动周期长,积分时间再加长;曲线振荡频率快,先把微分降下来;动差大来波动慢,微分时间应加长;理想曲线两个波,前高后低四比一;一看二调多分析,调节质量不会低。

在实际工作过程中,由于被控对象的数学模型不是很容易确定,即使确定了,不仅计算困难,工作量大,往往其结果与实际相差较大,甚至事倍功半。因此,在实际生产过程中采用的是"经验法",即根据 PID 各参数的作用,经过闭环试验,反复凑试,找出最佳调节参数。该参数经过一段时间试运行后,根据运行效果进行最终确定。某些设备厂家有规定的参考值取值范围,是理论计算出来的。首先利用该理论值进行试验,然后再根据运行效果进行微调,最终确定系统的 PID 控制器参数。

"凑试法"是通过模拟(或闭环)运行观察系统的响应(如阶跃响应)曲线,然后根据各调节参数对系统响应的大致影响,反复凑试参数,以达到满意的响应,从而确定 PID 的调节参数。增大比例系数 K_P 一般将加快系统的响应,这有利于减小静差。但过大的比例系数会使系统有较大的超调,并产生振荡,使稳定性变坏。增大传递函数中的 T_D 有利于加快系统响应,使超调量减小,但对于干扰信号的抑制能力将减弱。在凑试时,可参考以上参数分析控制过程的影响趋势,对参数进行"先比例、后积分、再微分"的整定步骤。其具体步骤如下:①首先整定比例部分,将比例系数由小调大,并观察相应的系统响应,直至得到反应快、超调小的响应曲线。如果系统没有静差或静差小到允许的范围之内,并且响应曲线已属满意,那么只需要用比例调节器即可,最优比例系数可由此确定。②当仅调节比例调节器参数,系统的静差还达不到设计要求时,需加入积分环节。整定时,首先置积分常数 T_I 为一个较大值,经第一步整定得到的比例系数会略为缩小(如减小 20%),然后减小积分常数,使系统在保持良好动态性能的情况下,静差得到消除。在此过程中,可根据响应曲线的好坏反复修改比例系数和积分常数,直至得到满意的效果和相应的参数。③若使用比例积分器,能消除静差,但动态过程经反复调整后仍达不到要求,这时可加入微分环节。在整定时,先置微分常数 T_D 为零,在第二步整定的基础上增大 T_D,同时相应地改变 K_P 和 T_I,逐步凑试,以获得满意的调节效果和参数。应该指出,在整定过程中参数的选定不是唯一的。事实上,比例、积分和微分三部分的作用是相互影响的。从应用角度来看,只要被控制过程的主要性能指标达到设计要求,比例、积分和微分参数也就确定了。

在 PLC 系统中,数据被离散化后,进行离散化 PID 运算。西门子 S7 – 200 和 S7 –300 系列都支持 PID 运算。其中,S7 – 200 中的 PID 控制采用了迭代算法。详细的计算方法请参考《S7 – 200 系统手册》中 PID 指令部分的相关内容。计算机化的 PID 控制算法有几个关键的参数 K_C(Gain,增益)、T_I(积分时间常数)、T_D(微分时间常数)和 T_S(采样时间)。

在 S7 – 200 中,PID 功能是通过 PID 指令功能块实现的。通过定时(按照采样时间)执行 PID 功能块,按照 PID 运算规律,根据当时的给定、反馈、比例 – 积分 – 微分数据,计算出控制量。PID 功能块通过一个 PID 回路表交换数据,此表存储在 VB 数据存储区中,长度为 36 字节。因此每个 PID 功能块在调用时需要指定两个要素:PID 控制回路号以及控制回路表的起始地址(以 VB 表示)。

PID 指令的梯形图指令格式如图 5 – 13 所示:如果两个或两个以上的 PID 指令用了同一个回路号,那么即使这些指令的回路表不同,这些 PID 运算之间也会相互干涉,产生不可预料的结果。图中,TBL 表示回路表的起始地址;LOOP 表示回路号。回路表包含 9 个参数(见表 5 – 2),用来控制和监视 PID 运算。这些参数分别是过程变量当前值(PV_n),过程变量前值(PV_{n-1}),

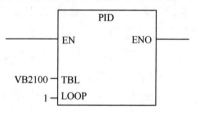

图 5 – 13　PID 指令格式

设定值(SP_n),输出值(M_n),增益(K_C),采样时间(T_S),积分时间(T_I),微分时间(T_D)和积分项前值(M_x)。

表 5 – 2　PID 模块各参数的作用

偏移量	域	格式	类型	描述
0	过程变量(PV_n)	实型	输入	过程变量必须在 0.0 ~ 1.0 之间
4	设定值(SP_n)	实型	输入	包含的标定设定值必须在 0.0 ~ 1.0 之间
8	输出值(M_n)	实型	输入/输出	输出值必须在 0.0 ~ 1.0 之间
12	增益(K_C)	实型	输入	增益是比例常数,可正可负
16	采样时间(T_S)	实型	输入	包含采样时间,单位为秒(s),必须为正

（续）

偏移量	域	格式	类型	描述
20	积分时间（T_I）	实型	输入	包含积分时间，单位为（min），必须为正
24	微分时间（T_D）	实型	输入	包含微分时间，单位为分钟（min），必须为正
28	偏差（M_x）	实型	输入/输出	积分项前项，必须在 0.0～1.0 之间
32	上一步过程变量（PV_{n-1}）	实型	输入/输出	包含最后一次执行 PID 指令时所存储的过程变量的值

为了让 PID 运算以预想的采样频率工作，PID 指令必须在定时发生的中断程序中执行，或者用在主程序中被定时器所控制以一定频率执行，采样时间必须通过回路表输入到 PID 运算中。

由于 PID 可以控制温度、压力等许多对象，每一个工程量具有不同的量程和单位，因此使用该功能块时，需要一种通用的数据转换方法。S7－200 中的 PID 功能使用占调节范围的百分比的方法抽象地表示被控对象的数值大小。在实际工程中，这个调节范围往往被认为与被控对象（反馈）的测量范围（量程）一致。

PID 控制在实际工程中的应用非常广泛，如控制水箱的水位高度、恒温室的温度、供水管道的压力等。

5.2　梯形图编程

5.2.1　梯形图的主要特点

梯形图（见图 5－14）两侧的垂直公共线为公共母线（Bus bar），在各个水平线上自左向右流过假想的能流，能流经过一个个触点，其是否能流过触点并最终使线圈得电取决于各触点的闭合与断开，右侧的公共母线可省去。梯形图中没有真正的能流流过，只是描述了一种"从左到右、从上到下"的程序扫描过程，应用时需要与原有继电器控制的概念区别对待。

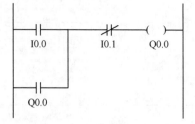

图 5－14　梯形图

逻辑求解顺序：从上到下，从左到右，行与行之间进行或运算，列与列之间进行与运算，来计算触点相应的寄存器内部存放的逻辑值。当相应寄存器的存储值为 1 时，常开触点闭合，常闭触点断开；为 0 时，常开触点断开，常闭触点闭合。能流能到达的地方指令就被执行。

当 PLC 按照图 5－4 接线时，假设按下 SB1，没有按下 SB2 时，I0.0 对应的寄存器存储的值为 1,虚拟输入继电器 I0.0 的线圈就会得电,对应程序中 I0.0 常开触点接通;I0.1 对应的寄存器存储的值为 0,虚拟输入继电器 I0.1 的线圈不会得电,对应程序中 I0.1 常开触点断开,常闭触点吸合。程序中,虚拟输出继电器 Q0.0 得电并自保持,其相应的常开触点闭合,继电器 K1 线圈得电,串联在二次回路里的继电器 K1 的常开触点闭合。当按下 SB2 时,I0.1 对应的常闭触点断开,切断自保持回路。

5.2.2 梯形图的编程规则

(1)编程元件的常开触点和常闭触点可以无限次使用,但是线圈只能出现一次。

如图 5 - 15 所示,常开触点和常闭触点可以多次使用,然而 Q0.3 的线圈使用了两次,程序在扫描时会造成 Q0.3 的存储值不确定,假如 I0.0 为 1,I0.3 为 0,两个相同线圈对应执行的结果不同。线圈重复输出问题是指用户程序中出现同一编号的线圈在一个扫描周期内输出两次及以上。一般情况下,在用户程序中不允许重复输出编程,否则使线圈对应的状态寄存器内容不确定,若能保证在一个扫描周期内不会重复输出,则重复使用相同编号的线圈输出是允许的。如果必须要使用这种逻辑输出 Q0.3,那么可以使用图 5 - 16 所示的方法。图中引入了内部辅助继电器,内部辅助继电器与外部没有直接联系,其功能与电气控制电路中的中间继电器一样,每个辅助继电器对应着记忆储存的一个基本单元,它可由虚拟输入继电器、虚拟输出继电器和其他内部辅助继电器触点驱动,它的触点也可以无限次使用。内部辅助继电器不能对外输出,需要通过虚拟输出继电器。借助内部辅助继电器,在原来的逻辑下,应保证 Q0.3 线圈只使用一次,且值确定。

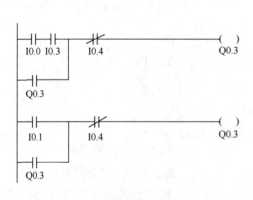

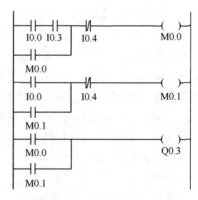

图 5 - 15 梯形图编程规则(1-1)   图 5 - 16 梯形图编程规则(1-2)

(2)梯形图的每一个逻辑行必须从左母线以触点输入开始,以线圈结束,如图 5 -17 所示。其中,图(a)为错误的程序,图(b)为正确的程序。

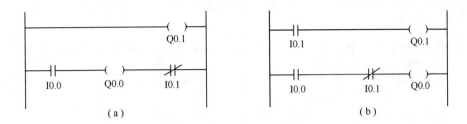

图 5-17　梯形图编程规则(2)

(3) 输出线圈只能并联,不能串联。如图 5-18(a) 所示,Q0.0 线圈和 Q0.1 线圈串联,这种写法是错误的。程序应修改为图(b),将 Q0.0 输出线圈和 Q0.1 输出线圈并联。

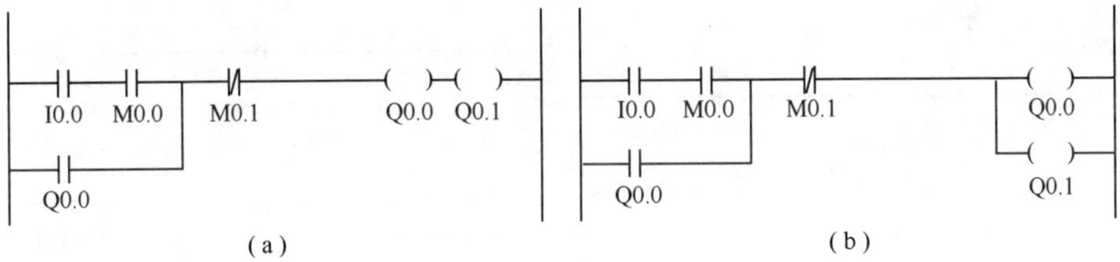

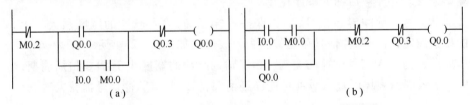

图 5-18　梯形图编程规则(3)

(4) 几个串联支路相并联,应将触点多的支路放在逻辑行的上面,以减少指令条数和缩短程序扫描时间。同理,几个并联回路相串联,应将触点多的并联回路放在逻辑行的左面,如图 5-19 所示,图(b)为修改后的程序。

图 5-19　梯形图编程规则(4)

(5) 在多个并联线圈电路中,若从分支点到线圈之间无触点,则该线圈应放在并联电路的上方,如图 5-20 所示。

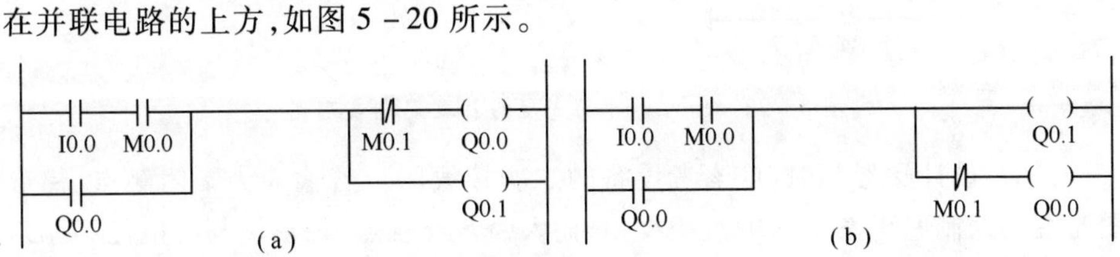

图 5-20　梯形图编程规则(5)

（6）触点应画在水平线上，不画在垂直线上。程序修改前、后如图 5－21所示。

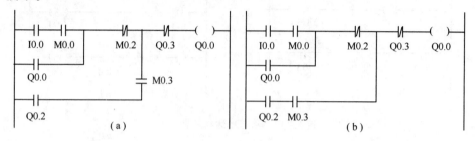

图 5－21　梯形图编程规则（6）

（7）桥式电路不能直接编程，须按逻辑功能进行等效变换，如图 5－22所示。

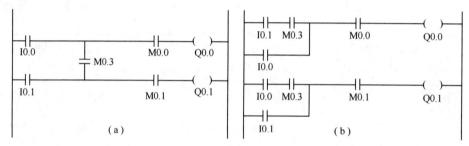

图 5－22　梯形图编程规则（7）

（8）用户程序运算是根据 PLC 的输入/输出映像寄存器中的内容，逻辑运算结果可以立即被后面的程序使用。

（9）对于脉冲输入信号，为了保持采样正确，输入脉冲的宽度须大于 PLC 的扫描周期，否则脉冲信号可能被丢失。波形图如图 5－23所示。图中，T 为扫描周期，t 为输入信号脉冲的宽度。由于输入脉冲的宽度小于 PLC 扫描周期，当 PLC 输入刷新采样时输入脉冲可能已经消失，因此此时脉冲信号捕获失败。

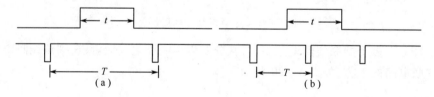

图 5－23　输入脉冲的宽度与扫描周期波形图

（10）设计梯形图时，应参考设备的二次接线图。若输入为常闭触点，梯形图与继电控制原理图中的触点相反；若输入为常开触点，梯形图与继电控制原理图中的触点相同。

以电动机的启、停控制为例，如果 PLC 输入端按图 5－24所示接线，相应程

序如图 5 - 24 所示。该程序与继电器控制电路不相同,不便于现场维护人员
理解。

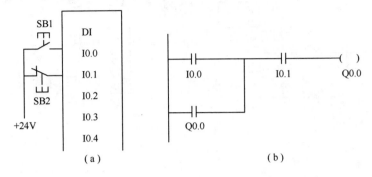

图 5 - 24　接线原理图与梯形图

5.2.3　定时器编程示例

1. 延时断开

如图 5 - 25 所示,当 I0.1 有一个高电平时,Q0.0 随即吸合并自保持;当
I0.1 状态由高电平变为低电平时,Q0.0 继续吸合,定时器线圈开始计时 10s,10s
后切断自保持,Q0.0 断开。这段程序实现了在 I0.1 断电后,输出线圈 Q0.0 延
时 10s 断开。

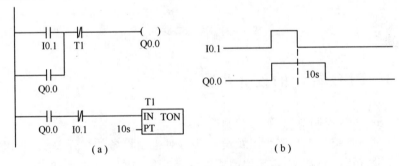

图 5 - 25　延时断开

2. 延时接通延时断开

如图 5 - 26 所示,当 I0.1 为高电平时,计时器 T0 开始计时 10s,10s 以后接
通 Q0.0,自保持电路使 Q0.0 一直吸合;当 I0.1 高电平消失,Q0.0 仍然吸合时,
计时器 T1 开始计时 5s,5s 后切断 Q0.0 自保持。此程序实现延时接通与延时断
开功能。

3. 定时器拓展

如图 5 - 27 所示,当需要定时的时间超过定时器的定时范围时,可以使用多
个定时器实现扩展。当 I0.1 出现高电平时,计时器 T0 开始计时 800s,800s 后激

活计时器 T1 计时 600s,600s 后接通 Q0.0。

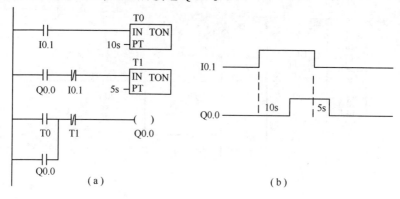

图 5-26　延时接通延时断开

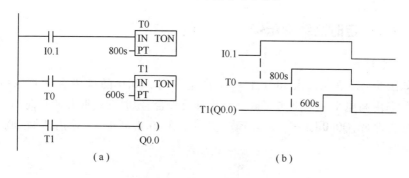

图 5-27　定时器拓展

5.3　PLC 程序的设计步骤

第一步,了解控制对象,确定控制要求。

(1) 对照系统的工艺流程图及设计部门对控制设备的联锁要求,并积极与使用单位进行技术协商,确定系统需要设置哪几种工作方式。例如,在水处理控制系统中,一般有全自动、半自动、成组单步和上位机软手操等;在输煤或皮带输送系统中,一般有程控、联锁和解锁等操作方式;在除灰渣系统中,一般有全自动和上位机软手操等。

(2) 确定 PLC 与系统中其他智能装置之间的联系,是否需要通信联网功能,若需要,需对智能装置提供的通信协议进行详细了解,落实 PLC 硬件配置是否提供了该通信接口。

(3) 与使用单位协商,确认其是否需要设置全系统紧急停机操作,确认紧急情况下的处理措施。

(4) 对照每个设备的一次接线图及二次接线图,详细了解被控对象的一次控制回路和二次控制回路,了解每个设备的启动和停机条件,为后续的软件编程奠定基础。

第二步,仔细核对系统 I/O 清单。

在 PLC 硬件设计过程中,硬件设计人员根据系统中每个设备的二次接线图,会统计整套系统详细的设备 I/O 清单,提供给软件编程人员,编程人员需进行详细核对。设备 I/O 清单主要是各设备的输入点、输出点与 PLC I/O 模块每个点的对应关系,并标注每个点的地址代码,如离散量输入对应 I0.1、I0.2 等。为了方便编程,可对设备 I/O 清单中的地址代码进行拼音注释,该文件可传到编程环境中,该注释在梯形图编程中显示在元件下方,以方便程序编制及后续维护人员理解。

第三步,上位机操作按钮的辅助继电器地址分配。

控制系统一般均有上位机操作系统,必须对上位机控制中的各个控制按钮(如控制方式选择、各设备启动及停机按钮)在 PLC 中分配虚拟辅助继电器地址。按钮的数量与控制系统设备的数量及工作方式有关,需 PLC 编程人员与上位机画面编制人员共同协商及核对。

第四步,熟悉及配置软件编程环境。

仔细阅读 PLC 编程软件说明书,了解软件安装流程、硬件配置流程及软件编程环境。不同的 PLC 使用不同的编程软件,但基本上大同小异。编程前的第一步就是进行硬件组态,根据硬件实际配置的 PLC I/O 模块数量及类型,进行硬件配置及相应的通信设置,完成 I/O 地址的分配及注释。

第五步,在编程软件环境中编写 PLC 应用程序。

初学者进行逻辑编程时,建议按系统流程顺序,以控制设备为对象,从第一台需启动的设备开始,对每台设备进行启动回路及停机回路的编制。在启动回路的编制过程中,要考虑设备在不同控制方式下启动的不同条件,同时要考虑与其他设备的联锁启动条件。在停机回路的编制过程中,要考虑在不同控制方式下设备停机的所有可能情况,同时要考虑与其他设备的联锁停机条件,设备本身各种故障造成的停机等。此外,还要注意急停程序,这是关系到人身安全和设备安全的最重要的程序,万万不可轻视。一定要保证无论在任何情况下,只要执行停机或急停程序,设备必须立刻可靠停机。

第六步,车间仿真调试程序。

如果条件允许,可以先用软件仿真功能进行软件测试,将程序下传到 PLC 中进行在线的调试,对 PLC 的每个输入/输出通道进行测试。但是很多烦琐的程序很难用软件仿真验证程序是否正确。

第七步,配合现场设备进行现场调试,并根据用户要求对程序进行修改。

第八步,将程序下载到 PLC 的 Flash 中。

在现场调试的过程中,不可避免地要对逻辑程序进行修改,故必须把最终的程序下传到 PLC 中,并用 U 盘进行备份。

以上编程过程是对初学者而言的,对于已承担过两个项目以上编程工作的工程师,可把同种设备的启动回路及停机回路编成一个功能模块,这样编程时间更短,且方便现场修改。

5.4 PLC 程序的质量要求

PLC 程序在编制完成后,首先要与系统硬件及上位机监控系统进行车间联合调试,完成最基本的各项控制功能测试,然后再到工业现场与现场设备联合调试,最后经过三个月左右的试运行,验证系统的稳定性与可靠性。对 PLC 程序的编制有以下几个方面的基本要求。

(1)正确性。PLC 逻辑程序一定要正确,并要经过实际应用的验证,证明其能够正确工作。要使程序正确,一定要准确地使用指令,正确地使用内部各编程元件。由于 PLC 的出厂批次、系列型号、生产厂家的不同,同一指令的一些指令细节可能有所不同。因此应仔细查阅编程手册,以确保准确地使用指令,正确地使用内部元件,使所编的程序能正确工作,这是对 PLC 程序最根本的要求。

(2)可靠性。程序不仅要正确,还要可靠稳定。可靠性反映了 PLC 程序工作的稳定性,这也是对 PLC 程序的基本要求。有的 PLC 程序,在正常的工作条件下或按规程操作时能正确工作,而出现非正常工作条件(如临时停电,又很快再通电)或非法操作后,程序工作异常。这种程序就不可靠,也称不稳定。在编写 PLC 程序时,若出现非正常工作条件或非法操作,PLC 逻辑编程中要进行处理,要把问题反馈至上位机监控系统,以提醒操作人员进行正常操作。PLC 逻辑程序对非法操作应予以拒绝,只接受合法操作。

"联锁"是拒绝非法操作常用的手段,在 PLC 逻辑编程的过程中,要考虑到设备所有的联锁条件和出现的非法操作。

(3)简短性。PLC 逻辑程序应尽可能简短,简短的程序可以节省用户存储区,多数情况下也可节省执行时间,提高对输入的响应速度,还可提高程序的可读性。程序是否简短,一般可用梯形图逻辑的复杂程度来衡量。要想程序简短,从大的方面讲,要优化程序结构,程序尽量模块化;从小的方面来讲,还要用功能强的指令或元件取代功能单一的指令及元件。

(4)可读性。要求所设计的程序可读性好,不仅便于程序设计者后续的程序优化及现场调试,而且工厂维护人员在使用过程中因控制流程等需要改动时也能做简单局部修改。要使程序可读性好,所设计的程序就要尽可能清晰明了,要实现模块化,要多用一些成熟的编程技巧;I/O 分配要有规律性,便于记忆与理解,重要程序的逻辑要做相应注释;内部元件如辅助继电器的使用也要讲究规律性,同一设备使用的内部元件编号尽量相连。

可读性在程序设计开始时就要考虑。因为在程序调试的过程中,指令的增减,内部器件的使用变化,都可能使原来较清晰的程序变得有些混乱。所以在程序设计时就要对内部元件的使用进行统一规划,不同设备之间预留一部分元件编号,调试完毕后再做一下整理,这样所设计的程序具有更好的可读性。

5. 易改性

PLC 的特点之一就是方便,可灵活地适用于各种情况。其方法就是靠修改或重新设计程序。重新设计程序用于当现场工艺发生变化时,需要对 PLC 逻辑程序进行简单快速的修改。多数情况下不需要重编程序,做一些简单补充就可以了。这就要求程序具有易改性,便于修改,当现场工艺发生变化时,简单修改PLC 程序即可达到目的。

在设计 PLC 程序的过程中,能够满足以上五方面要求就可算是好程序,同时相应的 PLC 编程技术人员就可称为一个优秀的工程师了。

5.4.1　程序设计实例

1. 单个电动机点动控制

首先合下断路器 QF(见图 5 - 28),当就地转换开关选择就地控制时,操作人员按下 SB1(该按钮选择为无自保持功能),使接触器 KM1 的线圈通电,主回路中接触器 KM1 的常开触点闭合,电动机通电工频运行;在松开按钮 SB1 后,接触器 KM1 的线圈失电,主回路中 KM1 的常开触点断开,电动机停止运行。

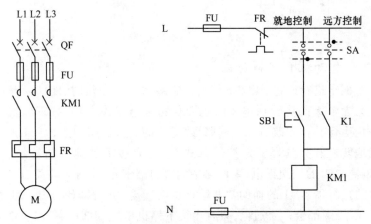

图 5 - 28　单个电动机点动控制一次回路与二次回路

当就地转换开关选择远方控制时,通过 PLC 的 DO 输出点控制输出隔离继电器 K1,由 Q0.0 的输出控制继电器 K1 的线圈通电(见图 5 - 29),常开触点吸合,串入二次回路进行远方控制。

PLC 的梯形图程序如图(5 - 30)所示。假定该电动机仅依靠就地控制箱的按钮 SB1 及上位机上的按钮进行控制,不考虑与其他设备的联锁关系。当就地

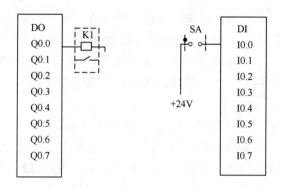

图 5 – 29　接线原理图

控制箱方式选择为远方控制时,数字量输入 I0.0 检测到 24V 查询电压,对应梯形图中 I0.0 闭合,上位机启动按钮对应 PLC 内部虚拟中间继电器 M0.0,当操作员在上位机上按下虚拟启动按钮后,M0.0 闭合,使输出虚拟继电器的线圈 Q0.0 得电,此时 DO 模块对应的 Q0.0 输出高电平,继电器 K1 的线圈通电,继电器 K1 串联在控制回路里的常开触点 K1 闭合,接触器 KM1 的线圈得电,使主回路中 KM1 的常开触点闭合,电动机得电运行。在松开上位机上的启动按钮后,M0.0 断开,使 Q0.0 输出低电平,继电器 K1 的常开触点断开,接触器 KM1 的常开触点也断开,电动机失电停止运行。

图 5 – 30　梯形图程序

2. 单个电动机自保持控制

对上个例子进行改进,当按下就地控制箱的启动按钮时,随即松开按钮(该按钮选择为无自保持功能),电动机也要保持运行状态,直到按下停机按钮,电动机才停止运行。首先改进二次回路,改进后的二次回路如图 5 – 31 所示。

当就地转换开关选择就地控制方式时,只要按下就地控制箱的启动按钮 SB1,接触器 KM1 的线圈得电,主回路中的接触器 KM1 常开触点闭合,同时在二次回路中的接触器 KM1 的辅助常开触点也会闭合,此时即使松开 SB1 按钮,接触器 KM1 的线圈都会一直通电,只有当按下停机按钮 SB2 时,切断这个回路,使接触器 KM1 的线圈失电,电动机才会停止运行。

接触器通过自身的常开辅助触点使线圈总是处于得电状态的现象叫作"自保持"。在之前的例子中,按下按钮 SB1 后松开,信号不能自保持,这种信号叫作"短信号",然而在进行自保持改造后,按钮的信号仍然是短信号,但是输出的信号得以自保持。SB1 及 SB2 均为短信号,按钮本身没有自保持功能,这是目前最为常用的控制方法,也符合现场操作习惯,即每台设备均有启动、停机两个按钮。

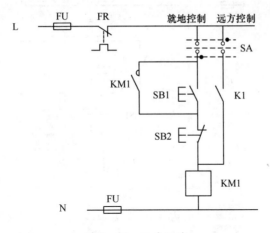

图 5 - 31　二次回路

在图 5 - 28 单个电动机的点动控制中,如按钮 SB1 选为自保持按钮,在按下按钮 SB1 后,电动机一直运行,再按下 SB1,按钮复位,电动机停机,该控制一般可称为"长信号控制",即启、停只有一个按钮,优点是可节省一个按钮,二次回路图简单,但由于不符合现场操作人员的习惯,目前 PLC 系统很少使用。

在上位机操作画面中,启动按钮对应 M0.0,停机按钮对应 M0.1,通过修改梯形图使 PLC 系统的输出为长信号(见图 5 - 32),这样二次回路可不做任何修改,远程控制的二次回路完全可以保持不变。这样做的优点是节省了 PLC 一个输出点,但缺点是在设备运行过程中 K1 触点一直吸合,可靠性较低。可以仿照就地控制方式,对 PLC 二次回路进行修改,增加停机输出点,使 PLC 输出的启动及停机信号均为短信号,增加系统的可靠性,这也是目前应用最广泛的方式,如图 5 - 33 所示。

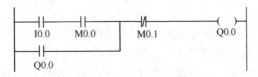

图 5 - 32　自保持程序

对应二次回路图 5 - 31,为了让短信号变成长信号需要借助自保持回路。梯形图的逻辑原理与继电器非常相似,可以把自保持回路放进 PLC 程序中,只需通过修改程序就实现了输出从短信号到长信号的转变。

还可以发现,如果把程序顺时针旋转 90°,梯形图程序与二次回路中的就地控制方式接线非常相似,请读者体会。

3. 实际工程应用实例

工业控制中最重要的一个环节就是对电动机的启停控制,也是最基础的控

115

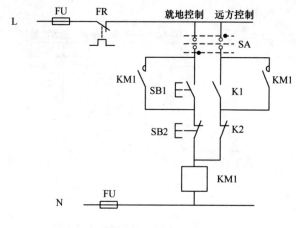

图 5 – 33 二次回路

制环节,以上的例子对实际运行情况做了一些理想化的简化,为了帮助读者理解长信号与短信号的概念,如默认主回路接触器吸合,电动机一定开始运行了,电动机运行起来不会发生故障。但在实际应用中必须考虑设备的故障信号,当设备发生故障时必须马上停机,下面介绍在实际工程应用中完整的电动机启停控制实例。

某台风机采用 PLC 控制,其输入/输出信号如下:

1)DI 输入信号

就地/远方信号:当打到就地控制位,即信号为 0 时,不经过 PLC 控制,直接使用就地控制箱上的启、停按钮控制风机;当打到远方控制位,即信号为 1 时,由 HMI 上的启、停按钮进行远方控制,编号为 I0.0。

运行信号:接触器吸合,该信号有效,风机运行状态反馈信号,编号为 I0.1。

综合保护信号:当此信号为 1 时,应马上停机,编号为 I0.2。

2)DO 输出信号

启动信号 Q0.0,停机信号 Q0.1。请根据以上信息设计相应的一次回路图、二次回路图和 PLC 梯形图程序。要求如下:

① 就地控制箱上的启、停按钮及 HMI 上的启、停按钮全部采用短信号;

② Q0.0 线圈接通时,风机启动;Q0.1 线圈通电时,风机停机;

③ HMI 上的启、停按钮编号分别为 M0.0、M0.1;

设计一次接线图:本例中被控对象只有一台电动机,控制功能是实现电动机的启动、停机,可以使用接触器的主触点控制电动机是否得电运行,一次接线图如图 5 – 28 所示,二次回路图设计如图 5 – 33 所示。

设计二次回路图:二次回路图要实现就地远方控制的切换,需使用万能转换开关选择就地控制或远方控制方式,由于就地控制箱的启、停按钮均采用短信号,就地控制方式需要采用自保持回路。远方控制时,PLC 的输出信号有两个,即控制电动机启动和停机信号,这两个输出信号均为短信号,由于 PLC 的 Q0.0 输出一般不能直接驱动接触器线圈,因而使用输出隔离继电器 K1 的常开触点串联在二次回路里。

　　设计梯形图程序:梯形图程序实现远方启停控制,并且可以根据当前设备反馈信号采取相应的动作,为了方便读者理解,以下把逻辑程序称为"启动回路"和"停机回路"。

　　当启动回路输出 Q0.0 为 1 时,电动机启动。当远方控制 I0.0 为 1 时,按下上位机上的虚拟按钮 M0.0,松开后 Q0.0 接通并自保持,直到电动机正常运行信号 I0.1 为 1 时断开,在二次回路中 KM1 通过辅助触点自保持。当发生故障 I0.2 时,电动机将无法启动,如图 5 - 34 所示。

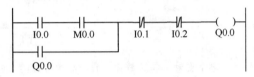

图 5 - 34　启动回路

　　当停机回路输出 Q0.1 为 1 时,电动机停机。在远方控制 I0.0 时,按下上位机上的虚拟按钮 M0.1,松开后,Q0.1 接通并自保持直到电动机运行反馈信号 I0.1 为 0 时断开。发生故障时,电动机应马上停机,如图 5 - 35 所示。图中,I0.1 为电动机的运行反馈信号,当电动机正在运行时,停机回路才可以工作,电动机停机以后就没有必要使停机回路接通了,所以在停机回路串联了 I0.1 的常开触点,该触点的作用是使停机回路复位。

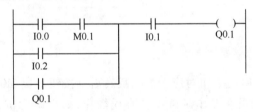

图 5 - 35　停机回路

4. 单个电动机正反转控制

　　在一些特定的场合,如自动门、电梯等需要电动机既可以正转也可以反转,这时一次回路需要一些改进,如图 5 - 36(a)所示。当接触器 KM1 的常开触点闭合时,电动机正转运行;当接触器 KM2 的常开触点闭合时,电动机反转运行。分别用两个自保持回路控制 KM1 和 KM2 两个接触器。二次回路如图 5 - 36 (b)所示,就地控制柜中 SB1 为正转启动按钮,SB2 为反转启动按钮,SB3 为停机按钮。

　　通过上位机上的正转按钮及反转按钮编写梯形图逻辑程序,对继电器 K1,

117

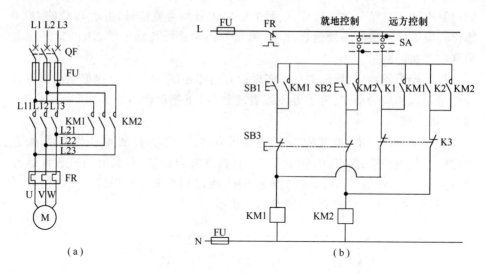

图 5 - 36　单个电动机正反转控制的一次回路与二次回路

K2 进行控制,从而使电动机正、反转运行,通过 K3 停机。梯形图程序如图 5 -37和图 5 -38 所示。

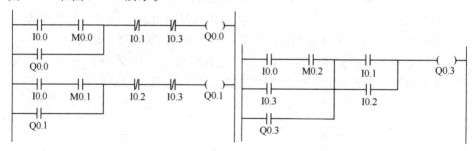

图 5 - 37　启动回路　　　　　　　　图 5 - 38　停机回路

上位机中正转启动按钮对应 M0.0,反转启动按钮对应 M0.1,停机按钮对应 M0.2。但是操作人员在操作时难免会有误操作,如果电动机正在正转运行,操作人员在不停机的情况下直接按下反转启动按钮,将会导致接触器 KM1 与 KM2 的常开触点同时闭合,造成短路,后果非常严重。单个电动机正反转控制的 I/O 统计如表 5 -3 所列。为了避免上述情况呢?这里引入"互锁"的概念。

表 5 - 3　I/O 统计表

输入		输出		内部中间量	
信号说明	地址	信号说明	地址	信号说明	地址
远方/就地	I0.0	K1 正转	Q0.0	远方正转启动	M0.0
正转运行反馈	I0.1	K2 反转	Q0.1	远方反转启动	M0.1
反转运行反馈	I0.2	K3 停机	Q0.2	远方停机	M0.2
电动机故障	I0.3				

"互锁"是指几个回路之间,利用某一回路的辅助触点去控制其他的线圈回路,进行状态保持或功能限制。在本例中有两个回路:正转回路及反转回路,当正转时要限制反转控制功能,反转时要限制正转控制功能。用反转接触器 KM2 的辅助常闭触点串联在正转控制回路中,用正转接触器 KM1 的辅助常闭触点串联在反转控制回路中,如图 5 – 39 所示。

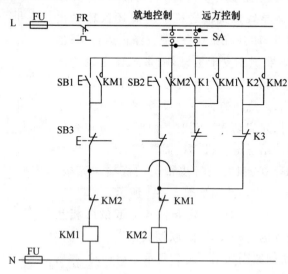

图 5 – 39　二次回路

当按下 SB1 时启动回路接通,接触器 KM1 的线圈得电,使得主回路中接触器 KM1 的常开触点闭合,电动机开始正转运行,同时在控制回路中接触器 KM1 的辅助常闭触点断开,只要接触器 KM1 的线圈带电,反转回路就无法接通,只有按下 SB3 停机按钮,切断正转回路,再按下 SB2 才能使电动机反转运行。硬件互锁是必要的,可防止现场操作人员误操作。同样不管二次接线图有无互锁功能,对于一位有经验的软件工程师,在梯形图软件的编制过程中,也要考虑互锁功能。在梯形图逻辑编制过程中,当反转运行时无法接通 Q0.0,同理正转运行时也无法接通 Q0.1,实现正、反转互锁。修改后的梯形图如图 5 – 40 所示。

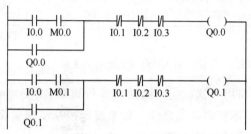

图 5 – 40　梯形图程序

5. 多台设备启停

假设某电厂输煤系统的给煤机（电动机 M1）负责给带式输送机（电动机 M2）上煤。经分析可知，在启动时如果先启动 M1，由于 M2 还未启动，就会导致大量的煤堆在带式输送机上，使带式输送机启动困难，启动电流很大，容易烧毁电动机；同理在停机时，如果先停 M2，同样会导致带式输送机上的煤还没输送出去，且给煤电动机 M1 还在给煤，皮带就停止运行了，也会造成大量的煤堆积在皮带上，影响带式输送机的下一次正常启动。所以在这种情况下，对设备的启停要遵从一定的规则，逆煤流方向启动设备，顺煤流方向停止设备。启动时，先启动 M2，延时一段时间，等皮带稳定运行后，再启动给煤电动机 M1；需要停机时，先停给煤电动机 M1，延时一段时间等皮带上的煤输送完毕，停止电动机 M2，一次回路图如图 5 – 41 所示。

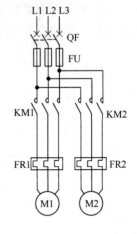

图 5 – 41　一次回路

设备之间按一定程序、一定条件建立起的既相互联系、又相互制约的这种关系即"联锁关系"。在本例中两台电动机的启停就是联锁关系。二次回路图如图 5 – 42 所示。启动时，接触器 KM2 的常开触点闭合后，接触器 KM1 的常开触点才可以闭合，系统启动完成。

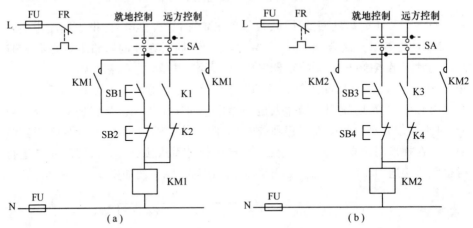

图 5 – 42　二次回路图

就地控制箱按钮用于就地电动机的试运行调试，在安装电动机后调试阶段或检修阶段时使用，不实现联锁启停。如果就地控制实现联锁启停，控制回路会变得相当复杂，还需要使用延时继电器。通过 PLC 程序的编制可以很方便地实现联锁启停。两台电动机联锁启停的 I/O 统计如表 5 – 4 所列。

表 5 - 4   I/O 统计表

输入		输出		内部中间量	
信号说明	地址	信号说明	地址	信号说明	地址
远方/就地	I0.0	M1 启动(K1)	Q0.0	远方启动	M0.0
M1 运行反馈	I0.1	M1 停机(K2)	Q0.1	远方停机	M0.1
M1 故障	I0.2	M2 启动(K3)	Q0.2		
M2 运行反馈	I0.3	M2 停机(K4)	Q0.3		
M2 故障	I0.4				

　　启动回路的梯形图程序如图 5 - 43 所示。图中,M0.0 为上位机的启动按钮,当按下启动按钮时,首先应使 Q0.2 接通,当 M2 运行后计时 15s 产生 T1 延时启动信号接通 Q0.0,M1 开始运行。

　　图 5 - 44 所示停机回路的梯形图程序。图中,M0.1 为上位机停机按钮,当停机时先使 Q0.1 接通,M1 停止运行后,计时 15s 产生停机延时信号使 Q0.3 接通,M2 停机。

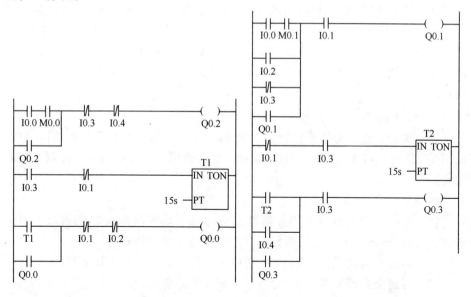

图 5 - 43   启动回路　　　　　　　图 5 - 44   停机回路

5.4.2   PLC 与变频器的应用

　　变频调速技术的基本原理是根据电动机转速与工作电源输入频率成正比的关系 $n = \dfrac{60f(1-s)}{p}$,式中 n、f、s、p 分别表示转速、输入频率、电动机转差率、电动机磁极对数;通过改变电动机的工作电源频率可达到改变电动机转速的目的。

变频器的工作原理是把市电(380V、50Hz)首先通过整流器变成直流,然后利用半导体器件(GTO、GTR 或 IGBT)组成的三相逆变器将直流电变成电压及频率均可调的交流电。变频器常用的速度给定有两种方式:通过变频器面板上的电位器手动调节,也可以通过 PLC 系统输出模拟量,再接入到变频器中实现自动调速。

一般用模拟量控制变频器(注意这里输入、输出都是相对于 PLC 来说),若用 PLC 进行控制,则系统 I/O 点如下:

DI:变频器的运行信号和故障信号;

DO:变频器的启、停控制信号;

AI:变频器的频率反馈信号,一般为 4～20mA 的信号;

AO:变频器的工作频率控制信号,一般为 4～20mA 的信号;

PLC 程序通过 PID 算法把设定转速值和反馈回来的频率值(可换算为转速值)进行比较输出控制信号,有些变频器自带 PID 调节功能。

PLC 和变频器之间的信息传递方式主要有两种:I/O 口连接和通信连接。其中,I/O 口连接即采用 PLC 系统,这种方案快速,编程简单,易维护,但抗干扰能力差,线路多,比较适合简单的系统;通信连接即 PLC 通过通信去控制变频器,变频器一般都自带 RS‒485 口或通过扩展通信卡,可以实现变频器和 PLC 之间的双向通信,该方案控制功能强大,连线少,但程序相对复杂,比较适合复杂的系统。

1. 变频与工频切换控制

在对电动机速度有要求的复杂控制系统中,常常会碰到以下这种情况,电动机需要在工频与变频工作之间进行切换。这里介绍一个变频与工频控制工程应用实例。

控制要求:

(1) 就地控制时通过就地控制箱上的按钮手动控制系统的变频与工频运行,远方控制时通过上位机按钮控制系统变频与工频运行;

(2) 通过交流接触器 KM1 的接通或断开实现电动机的工频运行;

(3) 通过交流接触器 KM2 的接通实现变频器的接入;

(4) 当接入变频器时,电动机采用变频工作方式;

(5) 要求控制系统具有完善的保护环节,系统通、断电顺序符合安全操作的要求,并且在变频运行状态下,当变频器出现故障时要求变频器停止工作,系统自动切换为工频运行。

就地控制箱面板如图 5‒45 所示。系统的一次回路和二次回路分别如图 5‒46 和图 5‒47、图 5‒48 所示。

当选择控制方式为"就地控制"时,通过就地控制箱面板上的变频启动、工频启动、停机按钮对电动机实现就地控制。上方 4 个指示灯用于指示当前运行

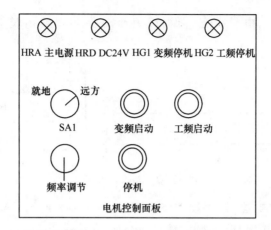

图 5 - 45　就地控制箱面板

状态。变频运行时,通过"频率调节"旋钮可实现电动机调速。如图 5 - 46 所示,合下断路器后,接触器 KM1 吸合电动机工频运行,接触器 KM2 吸合电动机接入变频,但是 KM1 与 KM2 接触器不能同时吸合,所以需要在二次接线图中利用两个接触器的辅助触点互锁。

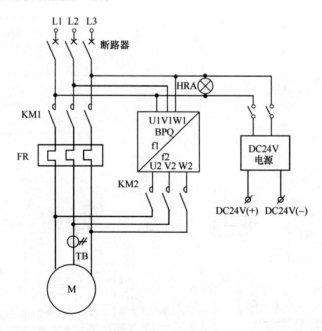

图 5 - 46　一次回路

如图 5 - 47 所示,当 K1 吸合时,KM1 线圈得电,一次回路中 KM1 常开触点吸合,电动机工频运行,同时由于使用 KM1 辅助常闭触点互锁,变频接入回路不会接通。同理,当 K2 吸合时,KM2 线圈得电,一次回路中 KM2 常开触点吸合,电动机变频接入。由于没有自保持,因而需要 PLC 输出长信号控制继电器 K1、K2。

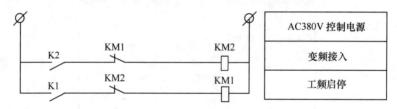

图 5 - 47 二次回路(1)

变频器通过"电位器"手动调节频率,如图 5 - 48 所示。变频器的启、停信号接 PLC 数字量输出 Q0.2,当该信号为 1 时,变频器开始运行,可以通过电位器对电动机变频调速,变频器的故障信号、运行信号接 PLC 数字量输入 I0.4、I0.5,作为状态反馈信号。详细 I/O 清单见表 5 - 5。以变频器故障为例,当变频器发生故障时,内部常开触点吸合,触点的两端中一端接查询电压,一端接 PLC 数字量输入模块,PLC 数字量输入端会收到查询电压,相应的输入映像寄存器位置 1。

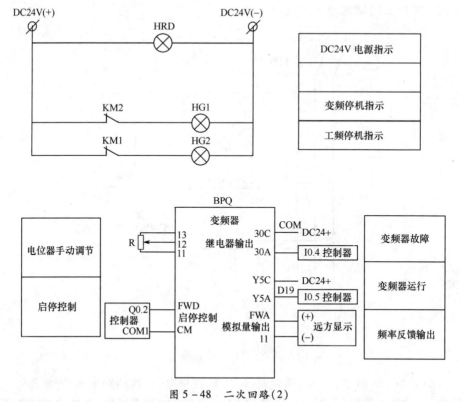

图 5 - 48 二次回路(2)

信号说明:

远方/就地信号编号 I0.0,就地变频启动、就地工频启动和就地停机信号通过就地控制箱的按钮接入，M0.0、M0.1、M0.2 为相应上位机的控制按钮。变频与工频切换控制电路的 I/O 统计如表 5 - 6 所列。

表 5 - 5 I/O 统计表

输入		输出		内部中间量	
信号说明	地址	信号说明	地址	信号说明	地址
远方/就地	I0.0	K1 工频启停	Q0.0	远方变频启动	M0.0
就地变频启动	I0.1	K2 变频接入	Q0.1	远方工频启动	M0.1
就地工频启动	I0.2	FWD 变频启动	Q0.2	远方停机	M0.2
就地停机	I0.3			工频停机	M0.3
变频器故障	I0.4			停机保持	M0.4
变频器运行	I0.5			变频停机	M0.5
电动机过载保护	I0.6			变频切换	M0.6
工频运行反馈	I0.7				
变频接入反馈	I1.0				

工频启动回路的梯形图程序如图 5 - 49 所示。工频启动的情况有三种，这三种关系是或的关系。第一种，当选择就地控制方式（I0.0 为 0）时，就地工频启动按钮被按下（I0.2 为 1）；第二种，当选择远方控制方式（I0.0 为 1）时，上位机工频启动按钮（M0.1）被按下；第三种，当变频运行出现故障时，切换为工频运行。在这里，中间变量（如变频）切换采用汉字注释，实际上每一个中间变量都对应一个内部存储位（如 M0.6）。为了输出长信号，自保持 Q0.0。

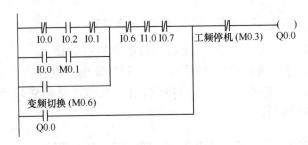

图 5 - 49　工频启动回路

当工频停机接通时会切断自保持，二次回路工频启动回路断开，电动机工频停机。

工频停机的情况有三种：按下就地方式停机按钮（I0.3），按下远方方式停机按钮（M0.2），过载保护时（I0.6）停机。这三种情况在工频运行时均产生"工频停机信号"，使设备工频停机，如图 5 - 50 所示。

变频启动时，通电要符合一定的顺序，应先将电动机变频接入（Q0.1），之后才能启动变频器（Q0.2）。当就地变频启动按钮（I0.1）被按下或上位机（远方）

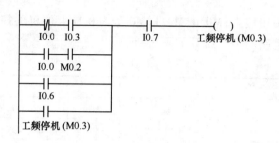

图 5-50　工频停机回路

变频启动按钮(M0.0)被按下时,首先使电动机变频接入,如图 5-51 所示。

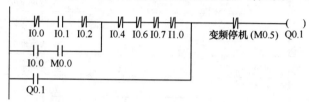

图 5-51　变频接入回路

电动机变频接入后,会反馈回变频接入信号(I1.0),此时就可以启动变频器了。如图 5-52 所示。

图 5-52　启动变频器回路

变频停机时要先停止变频器,然后切断电动机变频接入。当就地停机按钮(I0.3)或者远方停机按钮(M0.2)按下时,变频器发生故障(I0.4)或者过载保护(I0.6)时,首先停止变频器,并自保持停机信号直到反馈的变频运行反馈信号为0,如图 5-53 所示。

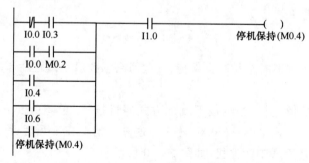

图 5-53　变频器停机回路

当变频器停止工作（I0.5 为 0）且有停机保持信号时，电动机变频接入（Q0.1）断开，变频接入反馈信号消失后（I1.0 为 0），停机保持与变频停机信号断开。如图 5 - 54 所示。

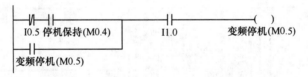

图 5 - 54　变频接入断开回路

变频器发生故障且变频接入断开后，应产生"变频切换信号"，使电动机切换为工频运行。如图 5 - 55 所示。

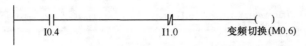

图 5 - 55　变频工频切换回路

5.4.3　输煤程控系统

输煤程控系统的功能如下：

1. 上煤功能

输煤程控系统（见图 5 - 56）的上煤方式分为自动（程控）、程序联锁手动、程序解锁手动、试机和就地手动 5 种控制方式。

（1）"自动"方式是在主控室的上位机工作站上，根据运行流程选择煤源及交叉点组成一条完整的流程。自检合格后，上位机提示"流程有效"，然后进行启动前的预启操作，所选流程的挡板自动到位，当上位机出现"允许启动"提示后，操作"程启"按钮，沿线所选设备自动按逆煤流方向顺序延时启动。运行过程中，当设备发生故障或事故时，如现场急停（拉绳），持续 2s 以上的跑偏、打滑等，立即停故障设备，同时联停逆煤流方向的设备，碎煤机、滚轴筛、除铁器延时停机（延时时间可调）。当采用程序停机时，从煤源设备开始按顺煤流方向自动延时停止运行。

（2）"程序联锁手动"方式是在上位机中选择好运行流程后，在上位机中按逆煤流方向一对一启动设备，若停止某一台设备，则该设备及逆煤流方向的所有设备联跳停机。联锁手动运行时，所有保护信号及联锁功能均同"程控"方式，即阻止任何设备超出顺序的启动。

（3）"程序解锁手动"方式，不需选择运行流程即可在上位机上任意启、停全系统中的各台设备，此方式下各台设备没有任何联锁保护关系，但设备自身保护仍然有效。此运行方式不能带负荷运行。

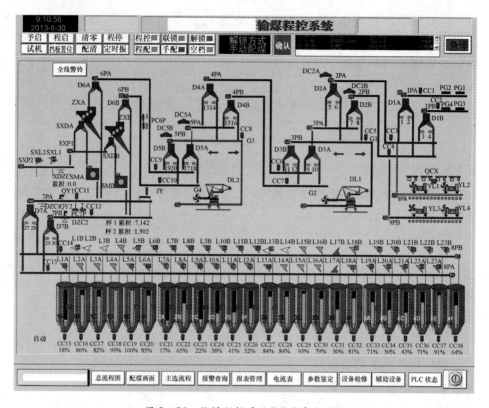

图 5-56　输煤程控系统(见彩色插页)

（4）"试机"方式，运行的流程继续运行且保持联锁关系，不运行的设备可在上位机上任意启、停。此方式主要用在输煤程控系统正常投运后，单一设备的程控检修实验，且不影响运行流程的正常联锁关系。一般有经验的工程师会增加此操作方式，为了使例子程序简单，下面的编程不考虑此种方式。

（5）"就地控制"方式，所有设备在就地控制箱可手动启、停。无论设备在何种方式下运行，其运行状态在上位机上都有显示信号。

以图 5-56 中二号带式输送机电动机（2PA）为例，梯形图逻辑设备编号为 P2，一次及二次回路图如图 5-57 所示。

2. 控制功能分析

二号带式输送机需要启动的条件：在"自动"方式下选择流程，若挡板 D2A 的左、右两侧任意一边被选中（左、右两侧分别用 C1 及 C2 表示），则二号带式输送机 A 被选中，且逆煤流方向的三号带式输送机已经运行，产生启动联锁信号。在"程序联锁手动"启动方式下，需要再按下上位机的二号带式输送机 A 上位机启动按钮。"程序解锁手动"方式不用考虑联锁关系，单击"启动"按钮即可启动。就地控制直接在就地控制箱中进行操作。

二号带式输送机需要停机的条件：在"自动"运行的情况下，若 3PA 或 3PB

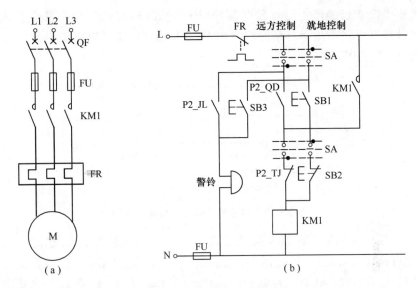

图 5 – 57　一次回路与二次回路

设备产生联锁停机信号,则设备必须马上停机;在"自动"方式下正常程停(程序停机)时,需要顺煤流方向一号带式输送机已停机,且产生停机延时信号;在"程序联锁停机"方式下,按下上位机的"停机"按钮即可。"程序解锁手动"方式不用考虑联锁关系,单击上位机的"停机"按钮即可停机。就地控制在就地控制箱操作,与 PLC 编程无关。

　　数字量输入信号主要是检测带式输送机的运行状态及故障信号,如运行(P2 – YX)、跑偏(P2_PP)、撕裂故障(P2_SL)等。数字量输出信号主要有:长信号(P2_JL),控制现场警铃;短信号启动(P2_QD)及停机(P2_TJ),远方控制带式输送机启停,如图 5 – 58 所示。

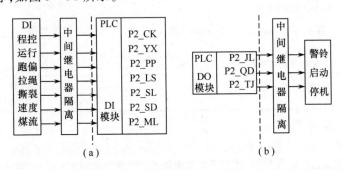

图 5 – 58　输入/输出信号

3. 编写程序

　　如图 5 – 59 所示的 2PA 带式输送机的启动回路程序(1),挡板 D2A 的左、右两侧任意一边被选中,2PA 带式输送机即被选中(P2_XZ),当 C1 选中且三号

带式输送机 A 已经产生运行延时信号(P3A_YXYS)时,或当 C2 选中且三号带
式输送机 B 已经产生运行延时信号(P3B_YXYS)时,均可以联锁启动 2PA 带式
输送机(P2_QDLS)。

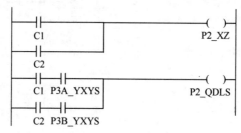

图 5 - 59　二号电动机启动回路程序(1)

　　如图 5 - 60 所示的 2PA 带式输送机的启动回路程序(2),在流程选择完
毕,且自检合格后,上位机提示"流程有效"(LiuCheng_Valid),设备在没有故障
的情况下,在自动(AUTO)和联锁(LianSuo)工作方式下,启动 2PA 带式输送机
必须满足以下条件:该设备应被选中(P2_XZ),逆煤流方向有启动联锁信号
(P2 - QDLS)。在 2PA 带式输送机启动之前首先启动现场警铃,延时 15s 启动
皮带机。上位机启动按钮为 QD_P2,在联锁及解锁方式下使用。当 2PA 带式输
送机返回运行信号(P2_YX)与速度信号(P2_SD)后产生 P2 - YXYS 信号,供逆
煤流方向下一台设备启动时使用。

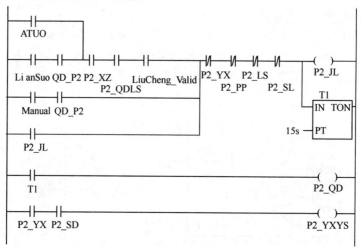

图 5 - 60　二号电动机启动回路程序(2)

　　如图 5 - 61 所示的 2PA 带式输送机停机回路程序(1),为了便于故障排查,
当出现任何一种故障时,该故障信号要通过自保持保留故障信息,如跑偏
(P2_PPB)等,排除故障后,按清零(QingLing)按钮复位。在自动和联锁工作方
式下,在设备必须联锁停机时(P2_TJLS),设备也必须马上停机。

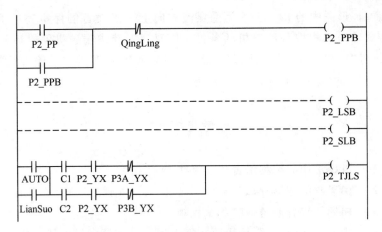

图 5-61　停机回路程序(1)

如图 5-62 所示的 2PA 带式输送机停机回路程序(2),上位机停机按钮为 TJ_P2,有了停机联锁或停机延时信号(停机延时信号由 1 号 A 或 B 皮带给出,编程时与所选流程对应),自动方式下会自动实现停机;联锁工作方式下要求上位机按下"停机"按钮,该设备停机;设备出现任何一种故障时,直接停机,在自动和联锁方式下,该设备停机时会联跳逆煤流方向以上所有设备。停机后延时 15s 产生停机延时信号,供顺煤流方向设备依次停机。

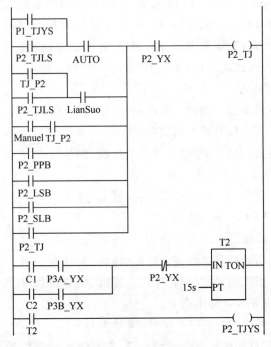

图 5-62　停机回路程序(2)

注意:梯形图中的 P1_TJYS 为逆煤流方向上一级设备的停机完成信号,作为 P2 带式输送机程控自动停机的条件。同理,P2 带式输送机停机后延时 15s 产生停机延时信号,作为顺煤流方向设备(P3A 或 P3B)程控自动停机的条件。

思考与练习

5 – 1   PLC 常用的编程语言都有哪些?

5 – 2   梯形图编程有什么特点?

5 – 3   梯形图编程要遵循哪些编程规则?

5 – 4   输入隔离继电器、输出隔离继电器与内部辅助继电器有什么不同?

5 – 5   PLC 用户程序设计一般分为哪几步?

5 – 6   设计一次接线图及二次接线图,并编制梯形图程序,完成以下控制功能。

控制要求:一台电动机采用微型 PLC 进行正反转控制及点动控制。

输入:I0.0 ~ I0.4 分别为电动机正转、反转、停止、正转点动、反转点动的自复位式按钮。正、反转电动机运行反馈信号分别为 I0.5 及 I0.6。

输出:Q0.0、Q0.1、Q0.2 分别为控制电动机正、反转接触器的输出信号及停机信号。Q0.0 为 1 时电动机正转,Q0.1 为 1 时电动机反转。为了防止两个接触器同时接通造成短路,需要设计互锁逻辑,以保证电动机安全运行。

5 – 7   某两台带式输送机(A 及 B)采用一套 PLC 控制。

皮带机 A 的 DI 输入点如下:

运行信号:带式输送机的运行状态指示,编号为 I0.0;

热保护信号:当此信号动作时,应马上停机,编号为 I0.1;

过电流信号:当此信号动作时,应马上停机,编号为 I0.2。

带式输送机 A 的 DO 输出点有:

启动信号:编号为 Q0.0;停机信号:编号为 Q0.1。

带式输送机 B 的 DI 输入点有:

运行信号:带式输送机运行状态指示,编号为 I0.3;

热保护信号:当此信号动作时,应马上停机,编号为 I0.4;

过电流信号:当此信号动作时,应马上停机,编号为 I0.5。

带式输送机 B 的 DO 输出点有:

启动信号:编号为 Q0.2;停机信号:编号为 Q0.3。

请根据以上信息用梯形图分别设计 A、B 两带式输送机的启动回路及停机回路。

要求如下：

（1）就地控制箱上的启、停按钮及上位机上的启、停按钮全部采用短信号。

（2）带式输送机 A 的 HMI 上的启、停按钮编号分别为 M0.0、M0.1。

（3）带式输送机 B 的 HMI 上的启、停按钮编号分别为 M0.2、M0.3。

（4）两带式输送机的联锁关系为：A 带式输送机启动后，B 带式输送机才能启动；B 带式输送机停机后，A 带式输送机才能停机。

（5）中间线圈可自行定义。

第6章
工程实例

6.1 工程介绍

6.1.1 工程概况

本工程主要是为浙江某电厂中 2×1000MW 燃煤机组新建的一套输煤控制系统,包括 PLC 系统、带式输送机(皮带机)保护装置,在输煤控制室中实现对输煤控制系统中所有设备的监控,输煤控制系统的工艺流程图如图 6-1 所示。

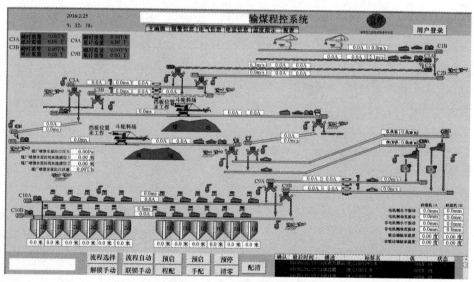

图 6-1 输煤控制系统的工艺流程图(见彩色插页)

本系统按照功能单元分为卸煤储煤部分和原煤仓上煤加仓部分,具体流程如图 6-2 所示。根据煤源与去向可以划分为以下三个主要流程:

(1)卸船机→斗轮机,堆煤到煤场;

(2)斗轮机取煤→加煤到煤仓;

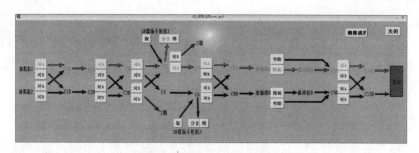

图 6-2　流程选择界面(见彩色插页)

(3)卸船机→斗轮机,分流到煤场,同时加煤到煤仓。

本工程码头配备两台 1500t/h 抓斗式卸船机,卸船机码头卸下的煤经 C1AB 和 C2AB 带式输送机转运至陆上 T2 转运站,再经 C3AB(其中 C3B 带式输送机为预留)、C5、斗轮机 1 堆煤运至 1#煤场;也可经 C1AB、C2AB、C3A(其中 C3B 带式输送机为预留)、C4、C6、斗轮机 2 堆煤运至 2#煤场。

煤场的煤经两台斗轮堆取料机取料后进入上煤系统,通过斗轮机 1 取煤、C5、C7、C8AB、C9AB、C10AB、煤筛、碎煤机和犁煤器卸入原煤斗;或通过斗轮机 2 取煤、C6、C8AB、C9AB、C10AB、煤筛、碎煤机和犁煤器卸入原煤斗。

如果选择斗轮机 1 或斗轮机 2 为分流工作模式,那么斗轮机 1 或斗轮机 2 通过其分流装置在堆煤的同时还可以上煤到煤仓。

6.1.2　控制系统概况

PLC 硬件采用施耐德 Quantum 系列产品,主机选择 140CPU67160,配置双机热备冗余系统,I/O 通信采用速度为 1.544Mbit/s 的 RIO 冗余网络,通信介质为柜间采用同轴电缆,主站与远程 I/O 站间采用光缆连接。

输煤程控系统设置两台操作员站、一台工程师站、一台 SIS(全厂监控信息系统)接口机,分别与 PLC 采用以太网络通信。

PLC 系统设置一个主站和 4 个远程 I/O 站。其中,主站设在输煤控制室,远程 I/O 站分别设置在#2 煤配、卸煤码头、碎煤机室和煤仓间。

(1)主站设在输煤控制室:主要包括 C5、C6、C7 带式输送机及附属设备,斗轮机 1 及斗轮机 2。

(2)#2 煤配远程 I/O 站,主要设备包括 C2AB、C3AB、C4 带式输送机及附属设备,地点位于 C3AB 附近。

(3)卸煤码头远程 I/O 站:主要设备包括卸船机 1 及 2,并预留两台卸船机的 I/O 接口,C1AB 带式输送机及附属设备,地点位于卸煤码头。

(4)碎煤机室远程 I/O 站:主要设备包括 C8AB 带式输送机及附属设备、碎煤机、滚轴筛等,地点位于碎煤机室。

(5)煤仓间远程 I/O 站:主要设备包括 C9AB、C10AB 带式输送机及附属设备,地点位于煤仓间。

（6）各站机柜分布:输煤控制室设电源柜 1 面,控制柜 6 面;#2 煤配设电源柜 1 面,控制柜 2 面;卸煤码头设电源柜 1 面,控制柜 1 面;碎煤机室设电源柜 1 面,控制柜 1 面;煤仓间设电源柜 1 面,控制柜 2 面。

6.1.3 现场传感器配置概况

拉绳开关共配置 152 只,选用德国 WETERmann 或洞头华强产品;跑偏开关共配置 94 只,选用 WETERmann 或洞头华强产品;速度开关共配置 13 只,选用德国 WETERmann 或上海蓝箭称重产品;撕裂开关共配置 12 只,选用洞头华强产品;料流开关共配置 13 只,选用洞头华强产品;张紧开关共配置 26 只,选用洞头华强或德国图尔克产品;声光报警器共配置 88 只,选用松岛或洞头华强产品;堵煤开关共配置 11 只,选用德国图尔克产品;高煤位开关共配置 24 只,选用德国图尔克产品;低煤位开关共配置 12 只,选用日本东和制电或 WETERmann 产品;雷达料位计共配置 12 只,选用德国 VEGA 或德国 E＋H 产品。运煤系统带式输送机一次保护元件配置见表 6－1。

表 6－1　运煤系统带式输送机一次保护元件配置

带式输送机编号	水平机长/m	拉绳开关/只	跑偏开关/只	料流开关/只	速度开关/只	防撕裂开关/只	堵煤开关/只	拉紧极限开关/对	报警器/只
C1B	262	6×2	4×2	1	1	0	1	1	7
C2B	962	23×2	4×2	1	1	1	1	1	21
C3A	145	3×2	3×2	1	1	1	1	1	4
C4	110	2×2	3×2	1	1	1	1	1	3
C5	395	9×2	4×2	1	1	1	1	1	9
C6	395	9×2	4×2	1	1	1	1	1	9
C7	120	2×2	3×2	1	1	1	1	1	3
C8A	120	2×2	3×2	1	1	1	1	1	3
C8B	120	2×2	3×2	1	1	1	1	1	3
C9A	225	5×2	4×2	1	1	1	1	1	6
C9B	225	5×2	4×2	1	1	1	1	1	6
C10A	200	4×2	4×2	1	1	1	0	1	5
C10B	200	4×2	4×2	1	1	1	0	1	5
碎煤机	2 台	0	0	0	0	0	0	0	2
滚轴筛	2 台	0	0	0	0	0	0	0	2
合计		152	94	13	13	12	11	13	88

6.2　系统设计原则

输煤程控系统的控制设备较多,工艺流程复杂,系统设备分散,粉尘、潮湿、振动、噪音、电磁干扰等比较严重,如果控制设备选择不当,会直接影响整个系统的安全可靠运行。因此本技术方案在选择输煤程控系统设备时,充分考虑了其先进性、可靠性、易操作性及易维护性等特点,保证提供的是全新的、成熟的、技术先进且能使控制系统安全可靠运行的完整设备。

6.2.1　系统设计必须要有系统工程的概念

输煤程控系统不只是 PLC 及现场总线设备的简单应用,它必须与完善的系统工艺、合理可靠的控制对象、丰富的工程经验、可靠准确的保护设备以及严格的运行管理规程等密切配合起来,整个系统才能正常投运。因此,在系统设计时,必须严格把握总体技术指标,在系统组态、PLC 配置、元器件选型等方面一开始就要准确合理,充分发挥 PLC、计算机的功能,大力应用计算机网络等先进技术。

6.2.2　把可靠性放在第一位

可靠性是系统的生命,在系统方案设计、加工制造、调试投运等每一步中必须把可靠性放在第一位。一般通过以下几个方面来保证系统的可靠性:
（1）所有硬件应采用成熟可靠产品;
（2）软件应采用结构化、模块化设计;
（3）增强系统的各级保护功能,防止操作人员误操作;
（4）加强故障检测报警及应急处理功能;
（5）联锁条件的判断处理;
（6）增强操作员站的帮助及引导功能;
（7）增强操作员站的易操作性。

6.2.3　先进性

在选择各类控制设备时,应充分考虑先进性,确保控制系统在五年内仍具有很强的网络功能、系统扩展和升级功能。

6.2.4　易操作性

人机界面设计应充分考虑方便、美观及实用性要求,用户接口及界面设计应充分考虑人体结构及视觉特征,界面美观、大方,操作简单、实用。根据操作人员的工作职责及操作权限,设置不同的操作界面,避免越限操作。

6.2.5 易维护性

在控制柜设计、内部元器件端子排的布局上,应充分考虑维护人员检修时的方便性及针对性。

6.2.6 标准化与开放性

在整个系统的总体结构设计中,所有软硬件产品的选择应坚持标准化原则,选择符合开放性和标准化的产品和技术。在应用软件开发中,数据规范、指标代码体系、标准接口都要遵循规范要求。

6.3 PLC 系统方案说明

本输煤程控系统由 PLC 硬件、上位操作员站、操作台、电源柜、控制柜、系统软件等组成,以下对各个部分进行详细说明。

6.3.1 PLC 配置

控制系统 PLC 选用施耐德的 Quantum 系列产品。

1. Quantum 产品的特点

ModiconQuantum 自动化平台以其卓越的性能,为控制需求提供最恰当的解决方案,它提供了按系统要求配置的模块化结构,是大中型控制系统的理想平台,能满足本系统的应用要求。

Quantum 系统集体积小巧与坚固设计于一体,即使在最恶劣的现场环境下,也能实现高性价比和可靠的安装运行。系统安装配置简单,适用于各种应用场合。

开关量输入模块选用 140DDI35300 型模块,每个模块为 32 点输入;开关量输出模块选用 140DDO35300 型模块,每个模块为 32 点输出;模拟量输入模块选用 140ACI04000 型模块,每个模块为 16 点输入;热电阻输入模块选用 140ARI03010,每个模块为 8 点输入;脉冲计数模块选用 140EHC10500 型模块,每个模块为 5 点。这样的选择有如下优点:

(1) 所选的 CPU 为 140CPU67160,属于较新产品,有足够的容量来存储用户的逻辑程序,能够保证≥40% 的余量,为用户以后的升级留有余地。

(2) 所选用的 CPU 在系统断电后,存储在其中的数据靠其内部的锂电池供电来维持其运行,锂电池的使用寿命大于 6 个月。当系统显示电池电量低时,需要在一周内更换电池,在更换电池时,系统断电 5min 内,能够维持 CPU 中的数据,不会导致程序和数据丢失。

(3) 所有模块都带有 LED 自诊断显示。

（4）对系统的监控功能均由 CPU 自身完成。

（5）所选的开关量 I/O 模块每点 I/O 均由一只 LED 指示灯指示该点的当前状态，当现场输入触点闭合或输出接通时，该指示灯亮。所有输出模块接有熔断器，可以对触点提供保护。

（6）在所有现场设备和开关量输出模块通道之间安装有隔离继电器，用以将现场电气回路和控制回路完全分开，保护控制模块。I/O 模块对现场接线和对其他 I/O 模块之间提供 1500V 以上的有效隔离值。

（7）开关量输入模块对检测一对闭合触点需要的最小门槛电流为 10mA，这样可以避免使用外接负载电阻。

（8）模拟量输入模块接收 4～20mA 信号，最大输入阻抗为 250Ω。模拟量输出模块输出 4～20mA 信号，具有驱动回路阻抗大于 600Ω 的负载能力。

2. CPU 主机简介

本系统采用施耐德公司的 Quantum 型控制主机 140CPU67160，采用双机热备方式和冗余电缆来提高系统通信的可靠性。

控制器 140CPU67160 技术参数如表 6-2 所列。

表 6-2　PLC 的 CPU 模块参数

型号	140CPU67160	
热备功能	集成热备	
Flash/SRAM	1MB/4MB	
处理器时钟	266MHz	
用户逻辑	4M	
单条指令执行速度	0.05～0.07μs	
通信口	1 个集成式 RS-232/485 Modbus 端口 1 个 USB 编程端口 1 个 ModbusPlus 端口 1 个 MTRJ 光纤热备端口	
离散 I/O	本地 I/O	最多 26 插槽
	远程 I/O	31744 输入和 31744 输出
	分布式 I/O	每个网络 8000 个输入和 8000 个输出
模拟 I/O	本地 I/O	最多 26 插槽
	远程 I/O	1984 输入和 1984 输出
	分布式 I/O	每个网络 500 个输入和 500 个输出
专用 I/O	计数器、运动控制、串行连接、高速中断输入	

3. 其他 PLC 模块

1）电源模块 140CPS11420

电源模块用于提供 PLC 系统的主机、通信模块、I/O 模块所需的直流电源，

140CPS11420 输入交流 220V/110V,输出直流 5.1V。140CPS11420 一般安装在机架的第一个槽位上,以便于散热。

140CPS11420 模块规格参数见表 6 - 3。

表 6 - 3   电源模块参数

操作模式	独立
	可累加
内部功耗(电损耗)	11W
输入电压	AC 93 ~ 138V
	AC 170 ~ 264V
输入频率	47 ~ 63Hz
输入电压总谐波失真	低于 10% 基频有效值
输入电流	1.2A(AC115V)
	0.7A(AC230V)
突波电流	≤20A,AC115V
	≤25A,AC230V

2) 以太网模块 140NOE77101

以太网通信模块提供 10/100M 自适应 RJ - 45 以太网络接口,可以连接到以太网络交换机,供上位机、辅机网络系统与 PLC 通信使用。热备冗余模块完成 2 台控制器主站和备用站的无扰动切换,正常时基本控制器读写现场的 IO 点,进行程序逻辑运算,热备冗余模块将基本控制器的运行结果写入备用控制器,备用控制器同步进行程序逻辑运算。当基本控制器失效或基本控制器读写 IO 失效时,备用控制器转为基本控制器,接替系统的控制功能。因热备系统的网络模块的地址硬件设置相同,故在热备冗余模块的控制下只有基本控制器所在机架的网络采用原地址,备用控制器所在机架的网络模块地址自动加 1,当基本控制器和备用控制器切换时网络模块的地址自动切换。

指示灯 Ready:指示模块运行正常(绿色)。

指示灯 RAN:绿色平光表示模块通信正常、绿色闪光表示有数据通信。

指示灯 LINK:以太网链路活动(绿色)。

指示灯 fault:发生以太网冲突时闪烁(红色)。

3) 远程 I/O 通信模块

远程 I/O 是 PLC 的一部分,它安装在远离主机的远程站内,通过 140CRA93200 远程 I/O 适配器和主控室的 140CRP93200 I/O 处理器进行通信,远程站和主机的最大通信距离可达 4.5km,通信速率为 1.544MBaud,远程 I/O 处理器支持单根或双根(冗余)电缆,采用冗余电缆可用两根电缆同时传送数据,使用中只采用第一根电缆的数据,但对两根电缆的通信数据做检验。

(1) 140CRP93200(主控室远程 I/O 处理器)。140CRP93200 面板上的指示灯显示各路通信的状况,RIO 接口(Head)模板的 LED 指示灯及描述见表 6-4,技术参考见表 6-5。

表 6-4 LED 指示灯说明

LED	颜色	ON 态指示内容
Ready	绿	模板通过上电自检
ComAct	绿	模板在远程 I/O 网络中正在通信
ErrorA	红	通道 A 一个或多个分支通信失败
ErrorB	红	通道 B 一个或多个分支通信失败 (仅限于双缆情况下)

表 6-5 技术参数

分支类型	Quantum、200 系列、500 系列、800 系列或与 Symax(任混)	
分支数量	最多 31	
每分支 I/O 字	64 入/64 出	
ASCII	2 口/每分支,32 口(16 分支)最多	
同轴终端	内接 75Ω	
同轴电缆屏蔽	接至地盘地	
数据传输速率	1.544MBaud	
动态范围	35dB	
绝缘	DC500V 同轴电缆芯对地	
外部接头	2 个 F 直接阴性适配器	
自检	上电时 双口 RAM 检查 LAN 控制检查	上电后运行时 执行检查 RAM 地址和数据
由控制器支持的最大 CRP 数	1	
需要总线电流	750mA	
功耗	3.8W	

(2) (远程 I/O 适配器)模块。140CRA93200 含有一组开关用于设定站的地址,I/O 点的定位则在配置软件中设置,RIO 分支(Drop)模板的 LED 指示灯及描述见表 6-6。

表 6 - 6　LED 指示灯说明

LED	颜色	ON 态指示内容
Ready	绿	模板通过上电自检
ComAct	绿	模板在远程 I/O 网络中正在通信(见下面 LED 灯错误代码表)
Fault	红	不能与一个或多个 I/O 模板通信
ErrorA	红	通道 A 通信失败
ErrorB	红	通道 B 通信失败(仅限于双缆情况下)

后面板开关:RIO 分支模板的后面板上有两个旋转开关,用于设置 RIO 站的地址。应注意,如果节点地址选为 0 或大于 32,那么 RIO 模板上的 ErrorA 和 ErrorB 闪烁指示错误,有效地址应为 1 ~ 32。

4) 开关量输入模块 140DDI35300

32 点 DC24V 数字量输入模块,正逻辑输入,输入信号为 DC24V,经光电隔离输入 PLC 系统,每个信号的状态由模块上对应的 LED 指示,说明见表 6 - 7。

表 6 - 7　LED 指示灯说明

LED	颜色	ON 状态表示
Active	绿	总线通信正常
F	红	检测到故障(模板外部)
1 ~ 32	绿	I/O 点或通道为 ON 状态

140DDI35300 模块的规格参数见表 6 - 8。

表 6 - 8　DI 模块参数

模块类型	32 路输入(4 组 ×8 点)
逻辑	正逻辑
外部电源	此模块不需要
功耗	1.7W + .36Wx 接通的点数
总线电流要求	330mA
I/O 映射	两个输入字
故障检测	无
组到组	AC500V 有效值(持续 1min)
组到总线	AC1780V 有效值(持续 1min)
熔断器内部	不需要
熔断器外部	用户安装时必须遵守国家/地区的电气规程要求
接通电平电压	DC +15 ~ +30V
断开电平电压	DC -3 ~ +5V
接通电平电流	2.0mA(最小值)

（续）

模块类型	32 路输入（4 组×8 点）
断开电平电流	0.5mA（最大值）
内部电阻	2.5kΩ
输入保护	受电阻器限制
绝对最大输入连续	DC30V
绝对最大输入 1.3ms	DC56V 衰减脉冲
断 – 通	1ms（最大值）
通 – 断	1ms（最大值）

5）高速计数模块 140EHC10500

EHC10500 模块是 Midicon Quantum 控制器的一种高速计数器模块。EHC10500 包含 5 个独立的计数器，每个计数器可在 DC5 V/24V 脉冲输入信号条件下工作。计数器有以下 4 种工作模式：

（1）事件计数器（32 位，具有 4 种不同的操作模式）；

（2）差分计数器（32 位，具有两种不同的操作模式）；

（3）重复计数器（16 位）；

（4）速度计数器（32 位，具有两种不同操作模式）；

EHC10500 模块可以监控最大分辨率为 100kHz 的信号，有 8 个隔离的离散量输入和 8 个隔离的离散量输出（DC24V 电平）可用。

6）开关量输出模块 140DDO35300

140DDO35300 是 32 点 DC24V 数字量输出模块，正逻辑输出，每路的最大输出电流为 500mA，工作电压为 DC10～24V，32 点 I/O 模板 LED 指示灯及描述见表 6 – 9。

表 6 – 9　LED 指示灯说明

LED	颜色	ON 状态表示
Active	绿	总线通信正常
F	红	检测到故障（模板外部）
1～32	绿	I/O 点或通道为 ON 状态

140DDO35300 模块的规格参数见表 6 – 10。

表 6 – 10　DO 模块参数

模块类型	32 路输出（4 组×8 点）
逻辑	正逻辑
外部电源	19.2～30VDC
功耗	1.75W + 0.4Vx 总模块负载电流

（续）

模块类型	32 路输出（4 组 ×8 点）
总线电流要求（模块）	330mA
I/O 映射	2 个输出字
故障检测	输出：熔断器熔断检测，现场电源已断开。
工作电压（最大值）	DC19.2 ~ 30V
绝对电压（最大值）	DC56V（对于 1ms 衰减脉冲）
通态子站/点	DC0.4V（0.5A）
每点	0.5A
每组	4A
每模块	16A
浪涌电流（最大值）	每点：5mA（在 500ms 持续时间下，每分钟不超过 6 次）
断态泄漏电流/点	0.4mA（DC30V）
组到组	AC500V 有效值（持续 1min）
组到总线	AC1780V 有效值（持续 1min）
输出保护	瞬时电压抑制（内部）
断 – 通	1ms（最大值）
通 – 断	1ms（最大值）
负载电感（最大值）	0.5H（4Hz 开关频率）
负载电容（最大值）	50μF

7）模拟量输入模块 140ACI04000

140ACI04000 模块是 16 路模拟量输入模块，它接收 4 ~ 20mA 电流信号并转换成相应的数字信号，分辨率为 12 位，转换精度为 ±0.05%，线性误差为 ±0.04%，输出阻抗 250Ω，模拟量 I/O 模板的 LED 指示灯及描述见表 6 – 11。

表 6 – 11　LED 指示灯说明

LED	颜色	ON 指示内容
Active	绿	总线通信正常
F	红	4 ~ 20mA 时有一个通道断线
1 ~ 16	绿	通道为 ON 状态
1 ~ 16	红	在指示的点或通道存在故障

140ACI04000 模块的规格参数见表 6 – 12。

表 6 – 12　AI 模块参数

模块类型	16 通道输入(差分或外部单端通道)
外部电源	不需要
工作电压(通道到通道)	DC30V(最大值)
总线电流要求(模块)	360mA
功耗	5W
I/O 映射	17 个输入字
错误检测	断线(4~20mA 模式)
隔离(现场到总线)	AC1780V(持续 1min)
绝对电流(最大值)	30mA
线性测量范围	0~25mA,0~25 000 个数字 0~20mA,0~20 000 个数字 4~20mA,0~16 000 个数字 4~20mA,0~4 095 个数字
输入阻抗	250Ω(标称值)
精度	0~25 000 计数值 0~20 000 计数值 0~16 000 计数值 0~4 095 计数值
绝对准确度误差(25℃)	满刻度的 +/–0.125%
线性度(0~60℃)	+/–12mA(最大值),4~20mA +/–6mA(最大值),0~25mA +/–6mA(最大值),0~20mA +/–6mA(最大值),4~20mA
准确度随温度的漂移	典型值:满刻度的 +/–0.0025%/℃ 最大值:满刻度的 +/–.005%/℃
共模抑制	< –90dB(60Hz)
输入滤波器	单极低通,–3dB 截止(34Hz),+/–25%
更新时间	15ms(全部通道)
熔断器内部	无
熔断器外部	用户安装时必须遵守国家/地区的电气规程要求

8)热电阻输入模块 140ARI03010

此 8 路 RTD 输入模块可以连接 2 线、3 线、4 线信号,模拟量 I/O 模板的 LED 指示灯及描述见表 6 – 13。

表 6-13　热电阻输入模块的参数

块类型	8 通道输入(RTD)
外部电源	不需要
总线电流要求(模块)	200mA
功耗	1W
I/O 映射	9 个输入字
IEC 铂电阻： PT100、PT200、PT500、PT1000	-200 ～ +850℃
美制铂电阻： PT100、PT200、PT500、PT1000	-100 ～ +450℃
镍电阻： N100、N200、N500、N1000	-60 ～ +180℃
PT100、PT200、N100、N200	2.5mA
PT500、PT1000、N500、N1000	0.5mA
精度	0.1℃
绝对准确度误差	+/-0.5℃(25℃) +/-0.9℃(0～60℃)
线性度(0～60℃)	满刻度的 +/-0.01%(0～60℃)
通道到通道	300V(峰-峰)
通道到总线	AC1780V(47～63Hz,持续 1min) DC2500V
2 线制 4 线制	640 毫秒
3 线制	1.2s
最大输入电压(损坏限制)	DC50V 或 AC30V 的差分电压

4. I/O 配置

根据各设备的一次接线图及二次接线图以及各设备在各 I/O 站的分布情况,各站 I/O 点统计见表 6-14。

1) 输煤主控室 I/O 站设备

表 6-14　I/O 点统计表

序号	设备名称	数量	单台设备					合计				
			DI	DO	AI	RTD	脉冲	DI	DO	AI	RTD	脉冲
1	斗轮堆取料机	2	12	4	0	0	0	24	8	0	0	0
2	10kV 工作进线开关	4	10	2	1	0	1	40	8	4	0	4
3	10kV 母线 PT	2	10	0	3	0	0	20	0	6	0	0

（续）

序号	设备名称	数量	单台设备					合计				
			DI	DO	AI	RTD	脉冲	DI	DO	AI	RTD	脉冲
4	低压厂变 10kV 侧断路器	8	10	2	1	0	1	80	16	8	0	8
5	10kV 馈线开关	8	10	2	1	0	1	80	16	8	0	8
6	低厂变 380V 侧断路器	4	8	2	1	0	0	32	8	4	0	0
7	低厂变本体	4	4	0	0	0	0	16	0	0	0	0
8	PC 至 MCC 电源馈线	40	8	2	1	0	0	320	80	40	0	0
9	30kW 及以上 低压电动机	20	8	2	1	0	0	160	40	20	0	0
10	380V 母联断路器	2	8	2	1	0	0	16	4	2	0	0
11	380V 母线 PT	4	5	0	3	0	0	20	0	12	0	0
12	直流	3	30	0	10	0	0	90	0	30	0	0
13	UPS	2	20	0	3	0	0	40	0	6	0	0
14	C5 皮带（带软启动器）	1	48	5	1	6	1	48	5	1	6	1
15	C6 皮带（带软启动器）	1	48	5	1	6	1	48	5	1	6	1
16	C7 皮带	1	40	5	1	6	1	40	5	1	6	1
17	C11 皮带（二期预留）	1	40	5	1	6	1	40	5	1	6	1
18	C5 头部带除	1	6	2	0	0	0	6	2	0	0	0
19	C6 头部带除	1	6	2	0	0	0	6	2	0	0	0
20	C5 头部电动挡板	1	6	3	0	0	0	6	3	0	0	0
21	C6 头部电动挡板	1	6	3	0	0	0	6	3	0	0	0
22	C7 头部电动挡板	1	6	3	0	0	0	6	3	0	0	0
23	C7 除尘器	1	7	2	0	0	0	7	2	0	0	0
24	C8A 除尘器	1	7	2	0	0	0	7	2	0	0	0
25	C8B 除尘器	1	7	2	0	0	0	7	2	0	0	0
26	C8AB 皮带圆盘式除铁器	1	14	4	0	0	0	14	4	0	0	0
27	3# 刮水器	1	6	3	0	0	0	6	3	0	0	0
28	4# 刮水器	1	6	3	0	0	0	6	3	0	0	0
29	煤场喷淋泵	2	5	3	2	0	0	10	6	4	0	0

（续）

序号	设备名称	数量	单台设备					合计				
			DI	DO	AI	RTD	脉冲	DI	DO	AI	RTD	脉冲
30	振荡器	6	2	0	0	0	0	12	0	0	0	0
31	C1A 皮带机（断路器）	1	7	2	1	0	1	7	2	1	0	1
32	C1B 皮带机（断路器）	1	7	2	1	0	1	7	2	1	0	1
33	C2B 皮带机带软起（断路器）	1	7	2	1	0	1	7	2	1	0	1
34	C3A 皮带机（断路器）	1	7	2	1	0	1	7	2	1	0	1
35	C4 皮带机（断路器）	1	7	2	1	0	1	7	2	1	0	1
36	C2A 皮带机带软起（二期预留断路器）	1	7	2	1	0	1	7	2	1	0	1
37	C3B 皮带机（二期预留断路器）	1	7	2	1	0	1	7	2	1	0	1
38	C8A 皮带机（断路器）	1	7	2	1	0	1	7	2	1	0	1
39	C8B 皮带机（断路器）	1	7	2	1	0	1	7	2	1	0	1
40	污水泵	4	3	0	0	0	0	12	0	0	0	0
41	1# 碎煤机（断路器）	1	9	2	1	0	1	9	2	1	0	1
42	2# 碎煤机（断路器）	1	9	2	1	0	1	9	2	1	0	1
44	共计							1306	257	159	24	35

注：C1A/B、C2A/B、C3A/B、C4、C5、C6、C7、C8A/B 均为 10kV，其 MCC 控制柜放置在输煤控制室楼下，因此其 MCC 控制柜保护信号、PLC 启动、停机信号均由本站发出

在统计 I/O 点数的基础上预留 15% 余量，输煤主控制室的 I/O 配置见表 6-15。

表 6-15 I/O 配置表

序号	项目	DI	DO	AI	RTD	脉冲
1	实际 I/O 点数	1306	257	159	24	35
2	配置点数	1504	320	192	32	40
3	模块数量	47	10	12	4	8
4	模块通道数	32	32	16	8	5
5	余量	15%	25%	21%	33%	15%

2）2#煤配远程 I/O 站设备（见表 6 - 16）

表 6 - 16　I/O 统计表

序号	设备名称	数量（台）	单台设备					合计				
			DI	DO	AI	RTD	脉冲	DI	DO	AI	RTD	脉冲
1	C2B 皮带机（带软起动器现场）	1	41	3	0	6	0	41	3	0	6	0
2	C3A 皮带机（现场）	1	33	3	0	6	0	33	3	0	6	0
3	C4 皮带机（现场）	1	33	3	0	6	0	33	3	0	6	0
4	C2A 皮带机（带软起动器现场）（二期预留）	1	41	3	0	6	0	41	3	0	6	0
5	C3B 皮带机（二期预留）（现场）	1	33	3	0	6	0	33	3	0	6	0
6	C2B 皮带机头挡板	1	6	3	0	0	0	6	3	0	0	0
7	C2A 皮带机头挡板（二期预留）	1	6	3	0	0	0	6	3	0	0	0
8	除尘器	4	7	2	0	0	0	28	8	0	0	0
9	C3B 除尘器（二期预留）	0	7	2	0	0	0	0	0	0	0	0
10	1#入厂皮带秤	1	2	1	1	0	0	2	1	1	0	0
11	1#循环链码装置	1	5		0	0	0	5	0	0	0	0
12	2#入厂皮带秤（二期预留）	1	2	1	1	0	0	2	1	1	0	0
13	2#循环链码装置（二期预留）	1	5	0	0	0	0	5	0	0	0	0
14	C3A 皮带机头挡板	1	6	3	0	0	0	6	3	0	0	0
15	C3B 皮带机头挡板（二期预留）	1	6	3	0	0	0	6	3	0	0	0
16	1#入厂煤取样装置	1	13	2	0	0	0	13	2	0	0	0
17	2#入厂煤取样装置（二期预留）	1	13	2	0	0	0	13	2	0	0	0
18	污水泵	5	3	0	0	0	0	15	0	0	0	0
19	补给水泵房直流	1	30	0	10	0	0	30	0	10	0	0
20	振荡器	9	2	0	0	0	0	18	0	0	0	0
21	共计：							336	41	12	30	0

在统计 I/O 点数的基础上预留 15%余量,2#煤配远程站的 I/O 配置见表 6 - 17。

表 6 - 17 I/O 配置表

序号	项目	DI	DO	AI	PT100	脉冲
1	实际 I/O 点数	336	41	12	30	0
2	配置点数	384	64	16	40	0
3	模块数量	12	2	1	5	0
4	模块通道数	32	32	16	8	—
5	余量	15%	56%	33%	33%	—

3）卸煤码头远程 I/O 站设备（见表 6 - 18）

表 6 - 18 I/O 统计表

序号	设备名称	数量（台）	单台设备					合计				
			DI	DO	AI	RTD	脉冲	DI	DO	AI	RTD	脉冲
1	1# 卸船机	1	10	2	0	0	0	10	2	0	0	0
2	2# 卸船机	1	10	2	0	0	0	10	2	0	0	0
3	C1B 皮带机（现场）	1	33	3	0	6	0	33	3	0	6	0
4	C1B 刮水器	1	6	3	0	0	0	6	3	0	0	0
5	C1A 刮水器（二期预留）	1	6	3	0	0	0	6	3	0	0	0
6	C1A 皮带机（二期预留）（现场）	1	33	3	0	6	0	33	3	0	6	0
7	T1B 振荡器	1	2	0	0	0	0	2	0	0	0	0
8	T1A 振荡器（二期预留）	1	2	0	0	0	0	2	0	0	0	0
9	污水泵	2	3	0	0	0	0	6	0	0	0	0
10	C1B 带式除铁器	1	6	2	0	0	0	6	2	0	0	0
11	C1A 带式除铁器（二期预留）	1	6	2	0	0	0	6	2	0	0	0
12	T1 转运站除尘器	2	7	2	0	0	0	14	4	0	0	0
13	3# 卸船机（二期预留）	1	10	2	0	0	0	10	2	0	0	0
14	4# 卸船机（二期预留）	1	10	2	0	0	0	10	2	0	0	0
15	低厂变 380V 侧断路器	2	8	2	1	0	0	16	4	2	0	0
16	低厂变本体	2	4	0	0	0	0	8	0	0	0	0
17	380V 母线 PT	2	5	0	3	0	0	10	0	6	0	0
18	共计：							188	32	8	12	0

在统计 I/O 点数的基础上预留 15% 余量,卸煤码头远程站的 I/O 配置见表 6-19。

表 6-19　I/O 配置表

序号	项目	DI	DO	AI	PT100	脉冲
1	实际 I/O 点数	188	32	8	12	0
2	配置点数	224	64	16	16	0
3	模块数量	7	2	1	2	0
4	模块通道数	32	32	16	8	—
5	余量	19%	100%	100%	33%	—

4) 碎煤机室远程 I/O 站设备(见表 6-20)

表 6-20　I/O 统计表

序号	设备名称	数量(台)	单台设备					合计				
			DI	DO	AI	RTD	脉冲	DI	DO	AI	RTD	脉冲
1	C8A 皮带机(现场)	1	33	3	0	6	0	33	3	0	6	0
2	C8B 皮带机(现场)	1	33	3	0	6	0	33	3	0	6	0
3	1# 碎煤机(现场)	1	16	1	6	0	0	16	1	6	0	0
4	2# 碎煤机(现场)	1	16	1	6	0	0	16	1	6	0	0
5	1# 滚轴筛	1	10	5	0	0	0	10	5	0	0	0
6	2# 滚轴筛	1	10	5	0	0	0	10	5	0	0	0
7	1# 入炉煤取样装置	1	13	2	0	0	0	13	2	0	0	0
8	2# 入炉煤取样装置	1	13	2	0	0	0	13	2	0	0	0
9	7#/8# 圆盘式除铁器	1	14	4	0	0	0	14	4	0	0	0
10	3# 入厂皮带秤	1	2	1	1	0	0	2	1	1	0	0
11	3# 循环链码装置	1	5	0	0	0	0	5	0	0	0	0
12	4# 入厂皮带秤(二期预留)	1	2	1	1	0	0	2	1	1	0	0
13	4# 循环链码装置(二期预留)	1	5	0	0	0	0	5	0	0	0	0
14	除尘器	2	7	2	0	0	0	14	4	0	0	0
15	污水泵	2	3	0	0	0	0	6	0	0	0	0
15	共计:							192	32	14	12	0

PLC 原理与工程应用技术

碎煤机室远程站的 I/O 配置见表 6-21。

表 6-21 I/O 配置表

序号	项目	DI	DO	AI	PT100	脉冲
1	实际 I/O 点数	192	32	14	12	0
2	配置点数	224	64	16	16	0
3	模块数量	7	2	1	2	0
4	模块通道数	32	32	16	8	—
5	余量	17%	100%	15%	33%	—

5）煤仓间远程 I/O 站设备（见表 6-22）

表 6-22 I/O 统计表

序号	设备名称	数量/台	单台设备					合计				
			DI	DO	AI	RTD	脉冲	DI	DO	AI	RTD	脉冲
1	除尘器	4	7	2	0	0	0	28	8	0	0	0
2	煤仓除尘器电动蝶阀	2	28	13	0	0	0	56	26	0	0	0
3	犁煤器	22	6	3	0	0	0	132	66	0	0	0
4	高煤位	24	1	0	0	0	0	24	0	0	0	0
5	低煤位	12	1	0	0	0	0	12	0	0	0	0
6	连续料位	12	0	0	1	0	0	0	0	12	0	0
7	C10A 皮带机	1	40	5	1	6	1	40	5	1	6	1
8	C10B 皮带机	1	40	5	1	6	1	40	5	1	6	1
9	C9A 皮带机	1	40	5	1	6	1	40	5	1	6	1
10	C9B 皮带机	1	40	5	1	6	1	40	5	1	6	1
11	10A 头部三通挡板	1	6	3	0	0	0	6	3	0	0	0
12	10B 头部三通挡板	1	6	3	0	0	0	6	3	0	0	0
13	振荡器	4	2	0	0	0	0	8	0	0	0	0
14	污水泵	2	3	0	0	0	0	6	0	0	0	0
15	共计：							432	126	16	24	4

煤仓间远程站的 I/O 配置见表 6-23。

表 6-23 I/O 配置表

序号	项目	DI	DO	AI	PT100	脉冲
1	实际 I/O 点数	432	126	16	24	4
2	配置点数	512	160	32	32	5
3	模块数量	16	5	2	4	1
4	模块通道数	32	32	16	8	5
5	余量	19%	27%	100%	33%	25%

6）PLC 配置清单(见表 6-24)

表 6-24　PLC 配置清单

序号	名称/概述	型号	单位	数量	产地	生产厂家
1	双机热备及编程软件					
1.1	电源模块	140CPS11420	块	2	法国	施耐德
1.2	CPU	140CPU67160	块	2	法国	施耐德
1.3	以太网模块	140NOE77101	块	2	法国	施耐德
1.4	远程 I/O 处理器	140CRP93200	块	2	法国	施耐德
1.5	远程 I/O 分离器	MA0186100	块	2	法国	施耐德
1.6	冗余热备光纤	490NOR00003	条	1	法国	施耐德
1.7	6 槽背板	140XBP00600	块	2	法国	施耐德
1.8	PLC 编程软件	Unity Pro	套	1	法国	施耐德
2	输煤程控本地 I/O 站					
2.1	16 槽模块底板	140XBP01600	块	7	法国	施耐德
2.2	电源模块	140CPS11420	块	7	法国	施耐德
2.3	远程 I/O 适配器	140CRA93200	块	4	法国	施耐德
2.4	背板扩展模块	140XBE10000	块	6	法国	施耐德
2.5	背板扩展电缆	140XCA71703	根	3	法国	施耐德
2.6	32 点开关量输入模块	140DDI35300	块	47	法国	施耐德
2.7	32 点开关量输出模块	140DDO35300	块	10	法国	施耐德
2.8	16 点模拟量输入模块	140ACI04000	块	12	法国	施耐德
2.9	8 点 RTD 输入模块	140ARI03010	块	4	法国	施耐德
2.10	5 点脉冲输入模块	140EHC10500	块	8	法国	施耐德
2.11	端子条	140XTS00200	条	81	法国	施耐德
2.12	空模块	140XCP50000	块	12	法国	施耐德
2.13	光纤中继器	140NRP95400	块	2	法国	施耐德
2.14	远程 I/O 分支器	MA0185100	块	8	法国	施耐德
3	2# 煤配 I/O 站					
3.1	16 槽模块底板	140XBP01600	块	2	法国	施耐德
3.2	电源模块	140CPS11420	块	2	法国	施耐德
3.3	远程 I/O 适配器	140CRA93200	块	1	法国	施耐德
3.4	背板扩展模块	140XBE10000	块	2	法国	施耐德

（续）

序号	名称/概述	型号	单位	数量	产地	生产厂家
3.5	背板扩展电缆	140XCA71703	根	1	法国	施耐德
3.6	32 点开关量输入模块	140DDI35300	块	12	法国	施耐德
3.7	32 点开关量输出模块	140DDO35300	块	2	法国	施耐德
3.8	16 点模拟量输入模块	140ACI04000	块	1	法国	施耐德
3.9	8 点 RTD 输入模块	140ARI03010	块	5	法国	施耐德
3.10	端子条	140XTS00200	条	20	法国	施耐德
3.11	空模块	140XCP50000	块	5	法国	施耐德
3.12	光纤中继器	140NRP95400	块	2	法国	施耐德
3.13	远程 I/O 分支器	MA0185100	块	2	法国	施耐德
4	码头转运站远程 I/O 站					
4.1	16 槽模块底板	140XBP01600	块	1	法国	施耐德
4.2	电源模块	140CPS11420	块	1	法国	施耐德
4.3	远程 I/O 适配器	140CRA93200	块	1	法国	施耐德
4.4	开关量输入模块	140DDI35300	块	7	法国	施耐德
4.5	开关量输出模块	140DDO35300	块	2	法国	施耐德
4.6	模拟量输入模块	140ACI04000	块	1	法国	施耐德
4.7	RTD 输入模块	140ARI03010	块	2	法国	施耐德
4.8	端子条	140XTS00200	条	12	法国	施耐德
4.9	空模块	140XCP50000	块	2	法国	施耐德
4.10	光纤中继器	140NRP95400	块	2	法国	施耐德
4.11	远程 I/O 分支器	MA0185100	块	2	法国	施耐德
5	碎煤机室远程 I/O 站					
5.1	16 槽模块底板	140XBP01600	块	1	法国	施耐德
5.2	电源模块	140CPS11420	块	1	法国	施耐德
5.3	远程 I/O 适配器	140CRA93200	块	1	法国	施耐德
5.4	开关量输入模块	140DDI35300	块	7	法国	施耐德
5.5	开关量输出模块	140DDO35300	块	2	法国	施耐德
5.6	模拟量输入模块	140ACI04000	块	1	法国	施耐德
5.7	RTD 输入模块	140ARI03010	块	2	法国	施耐德
5.8	端子条	140XTS00200	条	12	法国	施耐德

（续）

序号	名称/概述	型号	单位	数量	产地	生产厂家
5.9	空模块	140XCP50000	块	2	法国	施耐德
5.10	光纤中继器	140NRP95400	块	2	法国	施耐德
5.11	远程 I/O 分支器	MA0185100	块	2	法国	施耐德
6	煤仓间远程 I/O 站					
6.1	16 槽模块底板	140XBP01600	块	3	法国	施耐德
6.2	电源模块	140CPS11420	块	3	法国	施耐德
6.3	远程 I/O 适配器	140CRA93200	块	2	法国	施耐德
6.4	背板扩展模块	140XBE10000	块	2	法国	施耐德
6.5	背板扩展电缆	140XCA71703	根	1	法国	施耐德
6.6	开关量输入模块	140DDI35300	块	16	法国	施耐德
6.7	开关量输出模块	140DDO35300	块	5	法国	施耐德
6.8	模拟量输入模块	140ACI04000	块	2	法国	施耐德
6.9	RTD 输入模块	140ARI03010	块	4	法国	施耐德
6.10	脉冲输入模板	140EHC10500	块	1	法国	施耐德
6.11	端子条	140XTS00200	条	28	法国	施耐德
6.12	空模块	140XCP50000	块	11	法国	施耐德
6.13	光纤中继器	140NRP95400	块	2	法国	施耐德
6.14	远程 I/O 分支器	MA0185100	块	4	法国	施耐德

PLC 配置图如图 6 - 3 所示。

6.3.2　操作员站的硬件组成

程控系统设两台操作员站、一台工程师站和一台 SIS 接口机。操作员站、工程师站、SIS 接口机均选择 Dell PrecisionT3610 塔式工作站，共配置 3 台 DELL24 英寸液晶显示器、标准键盘、三按键光电式鼠标。另外配置一台 HPA4 激光打印机。

1. 工控机

操作员站、工程师站、SIS 接口机选择 Dell PrecisionT3610 塔式工作站。

2. 打印机

A4 激光彩色打印机选择 HP 的 CP1525n 产品。

3. 交换机

输煤程控系统选用德国赫斯曼公司的 RS20 系列产品,其优点和特性如下。

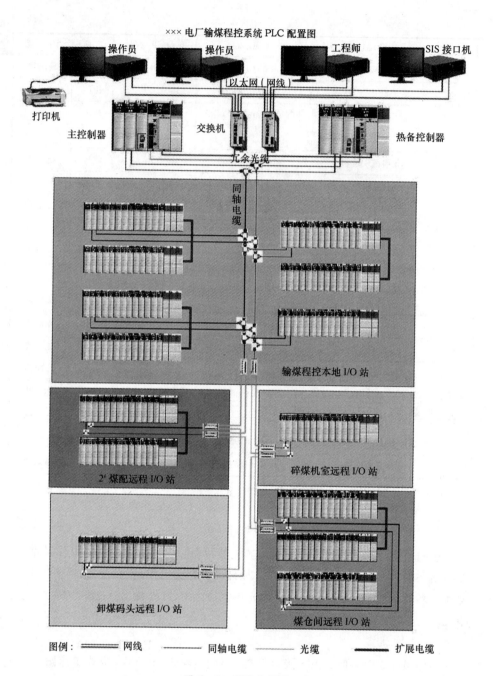

图 6-3 PLC 配置图

（1）可提供 8 个 10/100Mbit/s 电口和 2 个 100Mbit/s 光口；

（2）超级冗余环技术（HyperRing），实现链路冗余；

（3）支持端口优先级，保证了系统的实时性；

（4）支持 SNMP 网管、故障诊断功能；

（5）支持端口方式和 MAC 地址方式的 VLAN（虚拟局域网）子网划分，数据安全性好；

（6）可用于长距离光纤传输，节点间距离可达 100km；

（7）可在不断电的情况下更换模块，维护、维修方便；

（8）模块化设计，配置方便灵活；

（9）卡轨式安装，可直接安装在 PLC 或 DCS 控制柜内；

（10）DC24V 电源供电，安全性好；

（11）双回路冗余供电，可靠性高；

（12）无风扇设计，故障率低；

（13）工业标准产品，可靠性高，MTBF＞170000h；

（14）能在恶劣环境条件下工作，如高温、强电磁干扰环境。

6.3.3　操作台

操作台采用一台由防火耐磨聚酯层压板制作的大型控制台。控制台面下安放了两台工控机、一台工程师站、一台 SIS 接口机、一台工业电视操作机，另外将 4 台显示器、4 个键盘、4 只鼠标置于台上，并设紧急停机按钮。

6.3.4　电源柜

输煤程控系统的主站和各远程站各配置一面电源柜，共配置 5 面电源柜。电源柜的外形尺寸：高×宽×深＝2200mm×800mm×600mm。电源柜的外形尺寸同控制柜，用于实现程控电源的变换及切换。电源柜内的主要设备有一台电源自动切换装置、两台 DC24V 电源、两台 DC110V 电源。从外线引入两路不同的 AC220V 电源至电源柜交流电源自动切换装置，当系统正常工作时，A 路处于供电状态，B 路处于备用状态。当 A 路失电时，系统能够自动切换至 B 路电源，以维持系统正常工作。从外线引入的两路不同 AC220V 电源同时也分别给两台 DC24V 电源供电。由于两台直流电源也互为热备，故任何一路 AC220V 失电或任何一台直流电源发生故障均不影响系统向所有设备供电。

电源柜内放置的设备的布置顺序从上至下介绍如下：①交流切换装置（一台）；②直流 24V 稳压电源（两台）；③直流 110V 稳压电源（两台）；④交流供电分路开关；⑤直流 24V 供电分路开关；⑥直流 110V 供电分路开关。

其中，交流分路开关分别给电源柜内的设备、系统控制柜、操作台、就地仪表、工业电视和检修照明提供 AC220V 供电。

直流分路开关分别向控制柜 PLC 主机架及全部 I/O 机架供电，分别设置独立开关供电，以保证系统可靠地运行，并可以方便地进行停电检修。

电源柜提供给现场就地设备（如保护装置、料位计等）的电源信号的连接是通过电源柜背面两侧的接线端子排送至就地设备完成的,所有供电回路都设有过流保护措施。

6.3.5 控制柜

输煤程控系统设一个主站,位于输煤控制室内,就地设 4 个 I/O 远程站,分别位于 2# 煤配站、卸煤码头、煤仓间、碎煤机室。各站布置如下:输煤控制室设电源柜 1 面,控制柜 6 面,如图 6-4 所示。

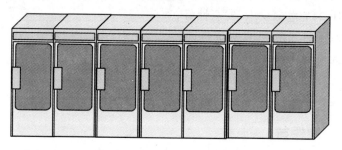

图 6-4　输煤控制室控制柜布置图

2# 煤配站设 1 面电源柜和 2 面控制柜,如图 6-5 所示;卸煤码头远程 I/O 站设 1 面电源柜和 1 面控制柜,如图 6-6 所示。

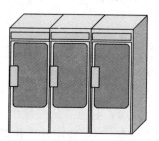 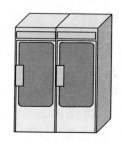

图 6-5　2# 煤配站控制柜布置图　　图 6-6　卸煤码头站控制柜布置图

碎煤机室设 1 面电源柜和 1 面控制柜,如图 6-7 所示;煤仓间设 1 面电源柜和 2 面程控柜,如图 6-8 所示。

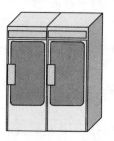 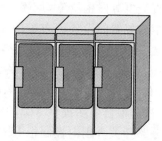

图 6-7　碎煤机室控制柜布置图　　图 6-8　煤仓间控制柜布置图

本输煤程控系统所有控制柜的外形尺寸为 2200mm × 800mm × 600mm(高 ×宽 × 深),前后开门,前门为玻璃门式,后门为双开门;前、后门均为密封防尘式IP54。控制柜内部安装有 PLC 模块、隔离继电器、模拟量隔离器、接线端子。为了维护方便还配置有照明设备和资料袋。为了满足输出驱动电流较大,提高系统抗干扰能力的要求,同时可对 I/O 模块进行保护,全系统输入、输出信号全部采用继电器隔离。

台、柜的设计中,所有表面为喷塑处理,内、外表面光滑整洁,没有焊接、铆钉或外侧出现的螺栓头,整个外表面端正光滑且不反光。台、柜采用的材料具有足够的强度,能经受住搬运、安装和运行期间短路产生的所有偶然应力。

在控制柜中,设有安全接地母排及浮空屏蔽接地汇流条,并编制有铜网将所有金属结构件连接起来,通过钢架结构牢固地接到指定的接地母线上。在柜顶后侧安装有 AC220V 照明灯,在端子排上安装有标准插座。柜内的外接电缆全部由柜底/柜顶引入(视进线方式不同而定)。柜内的端子排都布置在易于安装接线的地方,即离柜底至少 300mm,离柜顶至少 150mm。每个设备的端子都有清楚的标志,且与图纸及接线相符。端子排、电缆夹头、电缆走线槽等器件都为"阻燃"型材料制造。柜内留有充足空间,使用户能方便地接线、汇线和布线。

6.3.6　系统软件

1. 上位监控组态软件

上位监控软件采用 GE 公司的 IFIX5.1 开放式监控软件包。

基本功能:强大的图形画面显示功能。支持 1280 × 1024 分辨率,颜色大于256 色,用户可定义的动态工艺流程图 >100,能够使画面目标移动、整形、旋转、组合、分割、缩放等,能够利用和编辑内部的动态符号库,并且可以模拟传统仪表进行画面设计,各画面之间可任意交换有关图形。

变量标志:用户可以对所有数据元素设置标签名,并且所有的名称在系统的应用程序中可以引用。

动态图形:能模拟现场工艺流程,使画面处于动态显示状态,并可设置所有参数、软功能键。对功能键可设置有意义的图标,并且可对功能键编写命令语句。

报警:能提供时间、报警描述、报警类型、报警时现场数据及相关的工艺操作画面的高级和易于理解的信息,并能形成报警历史库,供用户查证。

通过清晰的交互式画面可展示实时、历史的数据,以指出操作过程的趋势及有关问题,趋势曲线大于 100 条。

此外还提供多窗口显示、数据记录和报表生成、文件批处理、用户帮助等。

人机界面基本参数:对于手动控制操作,从发出命令到流程图上显示时

间 <1.5s;流程图中状态更新时间 <1.5s;画面切换刷新时间 <2s。

报警汇总:显示所有存在的报警和所有返回到正常情况下但没有经过报警确认的报警情况。有如下几种形式:列出报警表、报警时间、没有确认的报警闪烁。在报警汇总中,使用单击式进行报警确认。

工艺控制图形显示:工艺流程、工艺结构、主要设备单元、主要控制装置、其他需显示的流程图、监控画面、各种设备操作视窗、PLC 模块工作状态及各 I/O 点状态。

其他功能:支持高分辨率彩色图形显示系统,显示颜色为真彩色,具有先进的作图工具和完善的图形编辑能力;支持功能键、鼠标器、打印机、绘图机等外部设备;能进行实时数据和历史数据分析,可以定期存储过程数据;具有故障报警及打印功能;能够自动生成报表;具有历史数据恢复及趋势图显示功能;有用户帮助指导功能。

2. PLC 编程软件

PLC 选择施耐德公司的产品,编程软件采用施耐德公司的 UnityPro。

(1) 该软件支持以下 5 种 IEC 语言:

梯形图(LD):每一个用梯形图编写的程序段和子程序,都由一系列的栏位组成,它们由 PLC 按照顺序执行。

功能块图(FBD):功能块图语言是一种图形设计语言,基于连接带有变量或参数的功能块来组成。该语言适用于编写过程控制的应用程序。

顺序功能表(SFC)或者 Grafcet:顺序功能图语言使用简单的方框图来描述自动化系统的顺序流程。

结构化文本(ST):结构化文本是一种复杂的算法类型语言,尤其适合于完成复杂的算术运算、桌面操作、消息管理等方面的功能。

指令表(IL):可采用类似汇编语言的编程方法进行逻辑程序的编写。

(2) 两种软件结构:

单任务:相对简单的缺省结构,在这种结构中只执行主要任务。

多任务:该结构更适合处理高性能实时事件,它包含一个主任务,一个快速任务,周期性任务以及具有高优先级的事件触发式任务。

(3) 调试工具:程序的动画;设置观测点或断点;单步程序执行等。

(4) 应用程序诊断功能:有用于系统诊断及应用程序诊断的功能块。

3. PLC 程序应用软件

控制程序是完成整个输煤系统的关键逻辑控制程序,该程序由具有丰富工程经验、参加过多个相近机组 PLC 程序编制的工程技术人员在 PLC 编程软件平台上进行开发,以完成各项控制功能。

输煤系统控制部分由输煤和配煤两大部分组成。其中,输煤有三种工作方式,即程控、联锁手动和解锁手动。程控为主要运行方式,联锁手动次之,而解锁手动不可作为正常运行方式,此种方式只提供给维修和调试之用,不能带负载运行,因为电气回路的联锁关系已经解除。配煤有程配和手配两种方式。

1）输煤部分

（1）程控。在程控方式下,正常控制任一上煤流程需 4 个步骤:"程选"→"预启"→"程启"→"程停"。

程选:进入流程选择画面选择相应流程,所选中流程的带式输送机显示黄色,以提示操作员。

预启:预启就是做流程启动前的准备工作。若预启相应程选流程,则所选皮带沿线的警铃发出音响,提示皮带沿线的人员远离皮带,同时三通挡板、皮带伸缩装置会自动按所选流程切换到位。皮带沿线打铃20s后,屏幕提示"允许启动"信号,即具备了"程启"条件。若预启时,三通挡板、皮带伸缩装置按预定流程自动切换无法到位,则屏幕提示"预启失败",无法进入下一步的程启,需另选流程,或到现场检查故障挡板、伸缩装置并消除故障后重新预启。

程控启动:输煤设备自动以逆煤流方向启动。预启完成,屏幕提示"允许启动"信号后,操作员程启相应允许启动的流程,系统就从距煤源最远的皮带开始按逆煤流方向逐条自动启动。

程控停机:停运行流程是按顺煤流方向从煤源开始的,每一台设备的延时停车时间都能使其上余煤正好走空,这样,保证了下次再启动流程时,设备处于空载状态。

（2）联锁手动。在联锁方式下,正常控制任一上煤流程需五个步骤:"程选"→"人为检查挡板位置"→"预启"→"手动启动"→"手动停机"。此方式主要用于三通挡板、皮带伸缩装置能正常动作,但到位信号不正常的情况。

程选:与程控方式相同。

检查挡板位置:根据程选流程人为检查三通挡板及皮带伸缩装置处于所选流程的正确位置上。

预启:除不判断三通挡板及皮带伸缩装置的位置是否正确外,其余同程控方式。

启动:按逆煤流方向手动启动流程设备。

停机:按顺煤流方向手动延时停机。

（3）解锁手动。在解锁手动的状态下,全系统将解除联锁关系,解锁手动操作可以任意启、停某一台未被程选的设备,它适用于单台设备的调试、校正、试验。

（4）故障保护。程控、联锁手动方式下的故障保护:一个流程在程控运行中,若其中某一台设备出现故障,PLC 主机立即向此设备发送停车信号,并联跳故障点以上（逆煤流方向）所有设备（碎煤机及滚轴筛除自身故障外,延时30s

停机）。而故障点设备急闪光,告诉操作员故障发生的地点,同时发出声响,屏幕显示故障设备及故障类型,以便操作人员及时处理。故障点下游的设备保持原工作状态不变,待故障解除后,可以从故障点向上游重新启动设备;若故障短时间内难以解除,也可以从故障点下游开始延时停设备。

(5) 紧急停机。当输煤系统运行时,若出现危害设备或对人身产生危险等意外情况(如发生火警),运行人员可操作"急停"按钮,PLC 系统将立即停止输煤系统中所有运行的设备。取样装置、除铁器及除尘器、皮带机喷雾装置与皮带机联锁停机。另外,在系统中还设置了安全系统手动复位按钮,当皮带机保护装置动作或操作"急停"按钮后,关联的输煤系统设备将被闭锁不能启动,只有当所有保护装置或"急停"按钮已复位并且按了安全系统的复位按钮后,才能重新启动系统。"急停"按钮适用于所有操作方式。

2) 配煤部分

配煤部分分"程配"和"手配"两种操作方式。

(1) 程配。程序配煤是根据现场料位计发出的煤位信号自动控制犁煤器抬落进行配煤,即低煤位优先配、顺序配。顺序配是从 1 号仓开始逐个进行配煤,配到高煤位出现后转入下一个仓配煤,在顺序配煤的过程中,一旦出现低煤位信号不管原来在哪里进行配煤都将立即中止而转入对低煤位信号的仓配煤,即出现低煤位信号的仓要优先配煤。若是有两个以上的仓同时出现低煤位的信号,则按顺煤流方向依次配煤至低煤位信号消失后延时一段时间。当全部低煤位消失时,各仓的配煤将按顺煤流方向依次进行,在配至尾仓出现高煤位后,系统提示"配煤完毕"。对于高煤位已消失的仓,可根据操作人员发出的重配指令继续循环配煤。如果需要停止配煤,操作人员可按下"程停"按钮,系统会自动按顺煤流方向延时停止皮带机,皮带上的余煤将平均分配到各仓内。

程配时,可设置配煤的顺序,即可在软件上选择是"顺煤流"配煤还是"逆煤流"配煤,或者是系统来自动配煤。程配时,还可设置检修仓,可使配煤程序跳过检修仓配煤,直至尾仓。还可通过对尾仓或检修仓的设置,实现对任意一段仓的配煤或对任意某几个仓的配煤。

(2) 手配。手配是指由操作人员自行控制犁煤器的抬起或落下来进行手动配煤。

3) 输煤程控逻辑控制功能说明

控制程序应用软件是在总结以前工程的经验及不足之处的基础上不断开发和完善起来的,将设备的控制、报警、监控和保护均按功能和实际情况进行最大限度的分隔,以保证一个功能的故障不会导致其他功能的故障或失效。建立保护系统的独立性以保证人身和设备安全。对系统的主设备和它们的辅助设施建立"功能组控制等级",以便允许运行人员在某些传感元件或设备发生故障时能选择较低的自动化程序,避免整个过程控制的丧失。具体而言,具有以下先进功能。

(1)系统可以自动选择流程。程序可根据当前挡板的位置及设备的检修状态等情况自动选择最佳流程,以方便操作人员使用,节省操作时间。

(2)控制方式与操作方式分开。即便在程控方式下,也允许操作人员操作非程选流程内的设备,从而不必等到上煤流程或配煤流程完毕后,才能去操作、检测处于等待状态的已检修完的设备。

(3)多流程运行。在任何时刻,系统都允许多条互不干涉的流程同时运行,且具有故障跟踪功能,当其中一条流程中的设备出现故障时,只联跳本流程的设备,而对另一条流程的运行不造成影响,当系统煤量大时还可实现双侧皮带同时上煤、配煤的功能。

(4)皮带的保护装置信号。将各种皮带保护装置的信号(如撕裂、重跑偏、拉绳、打滑等)采集到输煤程控系统,通过程序可对各保护信号进行监视扫描,在现场保护动作持续5s(以防止保护装置误动作)后,程控系统即可发出皮带停机指令,同时,程序可以将采集到的电动机电流信号与设定的皮带机电流高限值进行比较,在皮带机正常运行后若电动机电流高持续5s就会产生"过流"信号同时跳停皮带。在保护装置动作造成皮带跳停后,若就地保护装置恢复正常,必须从操作画面上手动将故障信号复位,设备才允许再次启动,这样就有效地防止了保护装置恢复正常后设备自启的不安全因素。

除尘器、除铁器等辅助设备可根据用户要求预启时提前启动或随皮带启动,皮带停机后延时停机。除尘器、除铁器等辅助设备出现故障时仅停自身设备并报警,但不影响系统正常运行,不自动联锁停皮带,而是由操作人员根据实际情况判断是否需要停相应流程设备。

当落煤管堵煤时,振动器会自动振打。若振打3～5s堵煤信号仍未消失,则立即联跳堵煤点以上的设备。

通过上位机参数设定画面,可由操作员根据实际情况设定皮带机、碎煤机等设备的启动时间、延停时间及启停间隔等参数。设定不同启动时间可实现电动机在空载或带载情况下的顺利启动,并实现对打滑、跑偏及过流信号在此时间内的屏蔽;设定延停时间可使皮带上的余煤走完,以便下次启动时电动机处于空载情况;设定启停间隔时间,可防止电动机在停机后立即再次启动,以避免频繁启停而损坏电动机。

具有屏蔽信号功能,当现场传感器工作不正常时,可通过设置屏蔽该信号,使该信号对程序运行不产生影响。

具有防止检修设备被误操作的功能。

具有过滤错误的瞬变信号的功能。通过软件编程对某些重要信号进行处理,以便过滤掉由干扰等原因造成的该信号的瞬变,防止与该信号联锁的设备出现误动作,从而保证程序运行的准确性。

具有计量功能,可实现对煤仓加仓量及上煤量的统计。

通过对皮带电流、碎煤机设备电流的检测,可以有效地了解皮带的运行工况,当设备电流值在稳定运行时超过额定值 1.2 倍并持续 5s 后,系统自动停机。

4. 监控应用软件

本输煤程控系统监控应用软件是由工程技术人员在监控组态软件平台上开发而来的,主要用于数据采集(DAS)和人机接口。该软件在系统开机后会自动进入运行状态,不需要运行人员的参与。

主要画面有:输煤系统工艺流程总画面、翻车堆煤画面、翻车上煤画面、煤场取煤画面、煤仓配煤分画面、历史及实时趋势图、报警管理画面、系统参数设定画面、检修设备设定画面、报表管理画面、系统诊断画面、系统登录画面。监控画面的设计和布置以及颜色的选择可按照用户的要求进行选定,专用键可根据用户的图例进行设计和定义,用户功能键可采用符合其功能的中文定义。

1)监控应用软件的监视功能

(1)工艺流程的总图及局部分画面显示。在监控计算机显示器上显示全部工艺流程的总图及各个分画面,在总图上不但可以对全厂的设备运行情况进行监控,并且可以在总图上通过画面选择标签方便快速地切换到任何一个分画面,以便对设备的运行状况进行监控和管理。

(2)工艺流程的动态显示。在监控计算机显示器上动态实时地显示全系统工艺流程,各主要设备的运行状态及过程控制的运行趋势,使生产管理人员及时掌握当前全系统的生产运行情况。

(3)设备运行状态显示:在监控计算机显示器上动态实时地显示各个设备的运行状态,当设备启动(运行)时会以红色显示,设备关闭(停机)时会以绿色显示,设备出现故障时会以相应颜色闪烁显示,皮带机跑偏、拉绳等不同故障以不同颜色闪烁显示。

(4)模拟量等测量参数的数字显示及棒形图显示。在监控计算机上,采用数字、柱状图和百分比的方式实时地显示测量参数的值,使现场管理人员及时掌握设备的运行状况。

(5)控制方式的显示。在系统画面或分画面上可以选择画面中设备的控制方式,也可在设备上用鼠标单击即可弹出该设备的控制方式。

(6)报警显示。在监控计算机显示器上实时地显示监控过程中出现的各种报警,能够显示报警的时间、类型、级别和组等能够给运行管理人员提供参考的信息,并能以光字牌和声音两种提示方式引起运行管理人员的注意。

（7）系统时钟显示。在监控计算机显示器上正确显示当前的时间。

（8）操作提示显示。每操作一步就会弹出下一步的操作提示菜单。

（9）实时、历史趋势图显示。在监控计算机显示器上显示全厂生产数据的历史趋势或实时趋势，可选择 1～8 条实时或历史趋势图在同一时间内显示在一幅画面上。每个生产数据的趋势图，其时间轴跨度可选择，操作人员能方便地选择开始时间和结束时间。

2）监控应用软件包可以实现的控制功能

所有工艺设备的控制；各控制画面的切换；系统参数的设定；操作级别允许的操作人员可根据实际情况在上位机上修改各设备的延停时间及启停间隔等参数。

（1）检修挂牌。系统中有设备出现故障时，操作员可以在检修画面中选择该设备，将其设定为检修状态。此时，在控制画面中，该设备自动挂牌 提示操作员。选择操作设备时，该设备自动禁选。设备恢复正常后，在该画面中重新投入该设备即可。

（2）模拟量上、下报警限的设定。对于模拟量信号，单击"模拟量设定"按钮，弹出模拟量设定窗口，此窗口中显示了模拟量的当前值和上下限。操作级别允许的操作人员可以根据实际情况修改模拟量的上、下报警限值。

（3）报警处理功能。当设备出现故障时，系统会发出语音及声响报警，且在上位监控画面中的故障设备急闪烁，并显示报警类别。系统能提供报警记录和操作员的操作记录，时间一般为 40 天，也可以根据用户要求设定，方便进行故障分析。

在需要的情况下，系统报警条目及操作员的操作步骤可以实时打印。

（4）系统数据报表。

系统能自动生成报警和操作报表以及模拟量数据报表。其中，报表可以根据要求打印，也可以定时打印。一般来说有以下报表：对正常生产运行可定期打印报表，包括班报、日报、月报和年报等；运行人员的操作记录打印，可对运行人员在控制室内进行的所有操作项目及每次操作时间作记录，以便于事故分析；其他需要打印的报表。

（5）系统的安全性。不同的操作员拥有不同的操作级别，不同的操作级别有不同的操作权限。每个操作员必须首先正确地输入名称和密码，系统指示允许进入，方可对系统进行操作，否则按非法登录，将被拒绝进入上位监控系统。

（6）帮助功能。某些情况下，特别是发生突然事件时，操作员可以通过帮助菜单获得临时的解决方案。帮助菜单中的内容是工程技术人员在现场调试经验的积累，具有很强的针对性和可操作性。

6.4　系统上位机操作说明

6.4.1　系统主操作界面说明

系统的主操作界面如图 6-1 所示,流程选择界面如图 6-2 所示。

主界面分为三部分,分别为系统画面切换菜单,系统工艺流程状态显示及操作,系统的通用操作按钮及实时报警信息显示。

(1)界面上部显示内容为:项目名称,当前日期及时间,当前登录用户,"急停"操作按钮,画面切换按钮。

(2)中部为显示窗口,用来呈现系统的动态运行效果图及相关的参数信息。

(3)底部为通用操作按钮,包含系统在投入使用时的几种工作方式选择(详见 6.4.2)及实时报警信息显示。

6.4.2　操作按钮说明

流程选择:打开流程选择界面选取工艺流程。

联锁手动:设置上煤方式为联锁手动,手动逆煤流方向依次启动流程内设备。

程控自动:设置上煤方式为程控自动,选择流程后预启挡板到位,按下"程启"按钮,由程序自动启动流程内设备。

解锁手动:对流程外的设备进行启动、停机操作。

预启:在"程控"方式下,按下此按钮,程序自动使三通挡板置于所需工作位,此阶段操作完成方可进入下一步"程启"。

程启:在"程控"方式下,预启阶段结束后,主画面出现允许启动后,按此按钮系统进入自动启动阶段,根据流程逆煤流方向顺序启动所选设备。

程停:在"程控"方式下输煤完成后,通过此按钮,选择需要停止的煤源,系统自动进入停机阶段,根据预设时间间隔,按流程顺序顺煤流方向顺序停机。

清零:若在主操作画面中设备出现报警或故障,当现场检查维护完成后,点击此按钮对报警信息进行复位。

手配:设置煤仓的配煤方式为手动,操作人员手动操作犁煤器进行配煤。

程配:设置煤仓的配煤方式为自动,煤仓犁煤器根据煤位信号自动抬起或落下。

6.4.3　流程选择说明

单击"流程选择"按钮,系统弹出"流程选择"窗口,在流程选择界面中逐一操作可控按钮,可选中或取消三通挡板及煤源设备(卸船机、斗轮机)。选中的设备变为绿色,在选出完整的一路设备后,将显示"流程有效"。为了方便操作,系统界面备有"清除流程"按钮,一经确认即可清除全部所选流程。

说明:在程控自动和联锁手动方式下,必须先选择流程。在"流程选择"窗口,首先选择一条完整的流程,见图6-2。该流程为"卸船机1—C1A—C2A—C3A—C5—斗轮机(堆)—煤场"堆煤到煤场及"C5—C7—C8A—C9A—C10A"加煤到煤仓。当选择一条完整流程后,将出现"流程有效"。当"流程有效"时,在主画面点击预启按钮,程序将三通挡板打到对应位置,如所有三通挡板到位,则画面提示"允许启动",可进行下一步启动操作。

6.4.4　主要设备操作视窗介绍

在主界面中:黄灰色闪烁表示设备处于故障状态;黄色不闪烁表示设备处于检修状态;灰色表示正常停机状态;绿色表示设备处于流程选中状态;红色表示设备处于运行状态且有联锁保护;紫色表示设备处于运行状态但无联锁保护。

下面分别了解主要设备的操作方法。

1. 皮带机

在主界面中单击对应的皮带机图符后,将弹出该皮带的操作窗口(见图6-9),最上方区域显示当前设备信息,KKS编码与设备名称;下方区域显示断路器工况、软启工况、制动器工况、拉紧装置、喷淋操作、皮带机工况。每台皮带机的操作视窗将根据包含的内容不同而有所不同。

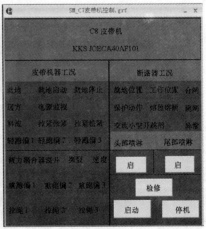

图6-9　皮带机操作窗口(见彩色插页)

(1)手动启动。在"解锁手动"或"联锁手动"状态下,单击"启动"按钮,皮带机现场警铃响起;待警铃时间结束后,启动制动器;制动器打开后皮带启动。此时,皮带如果正常运行,皮带操作对话框中的"合闸"将变为红色。在主界面中,皮带如果在流程选择中,将显示为红色;如果在流程之外,将显示为紫色。

(2)手动停机。设备"停机"按钮可以在任何控制模式下发出信号。单击"停机"按钮后,向皮带发出停机指令,同时停止制动器;若包含拉紧装置,拉紧装置进入停止阶段。此时,皮带如果停止运行,皮带对话框中的"合闸"将变为黑色。如果所选择的停机皮带在所选流程中,需按顺煤流方向停机;如果越带停机,则此条皮带的逆煤流方向皮带将进行联锁保护停机。在主界面中,皮带停机后的颜色由运行时的红色或紫色变为绿色或灰色。

(3)制动器操作。可以在"联锁手动"或"解锁手动"状态下,通过按钮进行操作,打开或关闭制动器。此操作仅用于调试,正常启、停设备无须进行单独操作。

(4)喷淋操作。在需要时可手动启停。

(5)检修设置。单击"检修"按钮后,在主界面上对应的皮带颜色将变为黄色。发生"检修"指令后此皮带在任何控制模式下都禁止启动。

(6)关闭窗口。操作完毕,操作窗口自动关闭或者单击右上角"关闭"按钮关闭。

2. 电动三通

在电动三通挡板分料器上单击,将弹出三通挡板操作窗口(见图 6-10)。窗口上部为设备信息名称、KKS 编码;中部为状态信息;下部为操作按钮。在系统处于"联锁手动"或"解锁手动"模式时,才可以进行手动操作。

图 6-10 三通挡板操作窗口(见彩色插页)

(1)到 A 侧。在"解锁手动"或"联锁手动"状态下且 A 侧选中、A 侧无到位信号时,单击"到 A 侧"按钮,指令发出,几秒钟后"A 侧到位"信号将变为红色,主界面中三通对应侧变为红色。若指令发出超过设定时间后到位信号仍未返回,则系统判断该三通 A 侧卡死,"挡板卡死"变为红色。

(2)到 B 侧。在"解锁手动"或"联锁手动"状态下且 B 侧选中、B 侧无到位信号时,单击"到 B 侧"按钮,指令发出,几秒钟后"B 侧到位"信号将变为红色,主界面中三通对应侧变为红色。若指令发出超过设定时间后到位信号仍未返回,则系统判断该三通 B 侧卡死,"挡板卡死"变为红色。

(3) 检修设置。单击"检修"按钮发出检修指令,当设备处于检修状态时,不可对设备进行任何操作。

6.4.5　系统操作说明

1. 程控自动上煤

(1) 选择上煤方式为"程控自动"。

(2) 按下"复位"和"配清"按钮,使程序处于初始状态。

(3) 在"流程选择"窗口选择流程,按顺煤流方向选择所要启动的设备,上位机主画面上所选设备变为绿色。

(4) 流程选择完毕,若所选路径正确,"流程选择"窗口中将出现"流程有效"字样,同时发出语音提示。

(5) 返回"主界面",按下"预启"按钮,所选流程挡板自动到位,到位的挡板变为红色;"程配"时尾仓犁煤器自动落下,其余犁抬起。如果现场设备按要求完成上述动作,那么界面顶部光字牌则弹出"允许启动",并有语音提示。

(6) 在出现"允许启动"信号后,按下"程启"按钮,所选设备将自动按逆煤流方向延时启动,直到煤源设备启动完毕,弹出的"允许启动"信号才消失。

(7) 当设备在运行过程中因发生故障而停机时,应通知有关人员检查停机原因并排除。待故障排除后,按下"清零"按钮解除上位监控画面设备闪光和相应的报警提示,按下"预启"及"程启"按钮,可重新从发生故障的设备处开始按逆煤流方向重新启动停止的设备。

(8) 程控自动停机时,可按下"程停"按钮,弹出选煤源窗口,选择煤源后,按下"确认"按钮,运行设备将从煤源处按顺煤流方向延时停机。设备全部停止后,按下"清零"按钮使程序重新回到初始状态。若所选流程中含有碎煤机,则程停时需根据实际情况先选择碎煤机是否延时停机。

相关说明:自动配煤仅在所有煤仓料位信号准确的情况下才能使用,否则会产生堆煤事故;双路运行时,第二条线路不能"程启"及"程停"。

2. 联锁手动上煤

(1) 选择上煤方式为"联锁手动"。

(2) 按下"复位"和"配清"按钮,使程序处于初始状态。

(3) 在"流程选择"画面选择流程区域,按顺煤流方向,选择所要启动的设备,上位机主画面中所选设备变为绿色。

（4）观察上位监控画面，若所选流程挡板已到位，则到位挡板变为红色。

（5）当所选流程有效且挡板全部到位时，在皮带机的头部或设备的图形上单击，弹出该设备的操作窗口，操作设备的启动按钮，按逆煤流方向逐个启动所选的皮带和设备，直到所选设备全部启动完毕。

（6）在启动过程中，观察上位监控画面的运行信号和电流，先确认上一段皮带已启动，然后再启动下一段皮带。

（7）皮带运行中发生故障停机，待故障排除后，按下"复位"按钮，解除故障设备闪光。可重新从发生故障的设备处开始手动启动，直到全部设备启动完毕。

（8）正常停机时，按顺煤流方向选择该设备的操作窗口，然后操作设备的"停机"按钮停止设备，直到全部设备停止。

3. 解锁手动上煤

直接在该设备的操作窗口中按下"启动"按钮。设备间没有任何联锁关系，该方式不能作为正常上煤方式，只能在设备检修或调试时使用。

4. 程序配煤

（1）选择配煤方式为"程配"。

（2）需设置配煤比例及配煤量时，进入煤仓配煤画面进行设置。

（3）按下"配清"按钮，使配煤程序处于初始状态，进仓量清零可清除原有进仓量。

（4）预启时，尾仓犁自动落下，其余犁抬起。

（5）若皮带已经运行，则程序自动开始配煤，按照配煤比例与配煤量进行配煤。

（6）犁煤器启动信号发出后，若经过一段延时犁煤器仍未到位，则认为犁煤器卡死。"落卡死"时程序自动跳至下一个犁煤器顺序配煤；若犁煤器"抬卡死"且对应煤位信号为高煤位，为了防止溢煤，则系统全线联跳。故障排除后，可按下"配清"按钮清除犁煤器的卡死信号。

（7）在程序配煤过程中，因人为或故障中止时，若仍需自动配煤，配煤转到"手配"再转回"程配"，则自动配煤将重新开始。

注意："配清"按钮可清除原煤仓的所有犁煤器的卡死信号。

5. 手动配煤

（1）选择配煤方式为"手配"。

（2）根据上位机煤位显示情况，操作犁煤器"手动控制"按钮，人工对犁煤器进行手动抬起或落下操作。

6.4.6　系统常见故障及处理方法

系统常见故障及处理方法如表 6－25 所列。

表 6 - 25　系统常见故障及处理方法

现　象	原因汇总	处理方法
模块的 OK 灯不亮	1. 模块接触不良； 2. 本机架通信模块故障； 3. 连接本机架的通信电缆中断； 4. CPU 停机。	1. 拔下模块重新插入； 2. 检查通信模块； 3. 检查通信电缆的接头； 4. 将 CPU 切到 RUN 模式。
现场设备已运行或动作已到位,但上位机无显示	1. 保险端子保险管烧断； 2. 上位机与 PLC 通信中断； 3. 系统电源故障； 4. 控制柜输入继电器损坏或现场元器件接触不良。	1. 查看输入模块对应灯是否亮； 2. 查看对应输入继电器灯是否亮； 3. 检查端子排是否有信号； 4. 更换保险端子保险管； 5. 检修系统电源； 6. 检查现场二次回路。
在上位机上操作某设备,现场设备不动作	1. 上位机与 PLC 通信中断； 2. 系统电源故障； 3. 控制柜输出继电器损坏或现场控制回路故障。	1. 查看输出模块对应灯是否亮； 2. 查看对应输出继电器灯是否亮； 3. 检查端子排是否有信号； 4. 检查现场电气控制回路。

参 考 文 献

[1] 王振臣,齐占庆. 机床电气控制技术[M]. 5版. 北京:机械工业出版社,2012.

[2] 雷冠军,孔祥伟. 电气控制与PLC应用[M]. 北京:北京理工大学出版社,2010.

[3] 王华忠,郭丙君,孙京诰. 电气与可编程控制器原理及应用[M]. 北京:化学工业出版社,2012.

[4] 杨清德. 零起步巧学巧用PLC[M]. 北京:中国电力出版社,2013.

[5] 高鸿斌,等. 零起点学西门子PLC[M]. 北京:电子工业出版社,2012.

[6] 鲁远栋. PLC机电控制系统应用设计技术[M]. 2版. 北京:电子工业出版社,2010.

[7] 王杰,高昆仑,王万召. 基于OPC通信技术的火电厂DCS后台控制[J]. 电力自动化设备,2013(4):143 – 146.

[8] 缪学勤. 智能工厂与装备制造业转型升级[J]. 自动化仪表,2014(3):1 – 6.

[9] 李静. 从工业概念到工程实践——探访同济大学国内首个"工业4.0——智能工厂实验室"[J]. 制造技术与机床,2014(12):24 – 25.

[10] 张曙. 工业4.0和智能制造[J]. 机械设计与制造工程,2014(8)1 – 5.

[11] 西门子(中国)有限公司. 西门子描绘"工业4.0"路线图[J]. 电动机与控制应用,2014(7):68.

[12] 裴长洪,于燕. 德国"工业4.0"与中德制造业合作新发展[J]. 财经问题研究,2014(10):27 – 33.

[13] 王海群,笪可静,刘天虎,等. 基于工业以太网与Mod bus的多台西门子PLC与DCS的通信系统[J]. 化工自动化及仪表,2014(8):923 – 925.

[14] 王其富,庄春生,王建业,等. 基于物联网的家居电能管理系统[J]. 河南科学,2013(9):1413 – 1416.

[15] 黄晓峰,林清俊,陈福利. DCS系统与PLC系统的特点浅析[J]. 制造业自动化,2011(14):45 – 47.

[16] 刘春艳,吴明生,罗炳浩. Modbus通信协议在DCS与PLC通信中的应用[J]. 化工自动化及仪表,2014(9):1093 – 1095.

[17] 牛克龙,王玉梅. 大型火电厂辅助车间采用DCS&PLC的优缺点[J]. 科技创新与生产力,2012(5):63 – 65.

[18] 孙其博,刘杰,范春晓,等. 物联网:概念、架构与关键技术研究综述[J]. 北京邮电大学学报,2010(3):1 – 9.

[19] 宁焕生,徐群玉. 全球物联网发展及中国物联网建设若干思考[J]. 电子学报,2010(11):2590 – 2599.

[20] 朱洪波,杨龙祥,于全. 物联网的技术思想与应用策略研究[J]. 通信学报,2010(11):2 – 9.

[21] 汪磊. 火力发电DCS自动化技术的应用现状研究[J]. 价值工程,2014(19):45 – 46.

[22] 高玉玲,王刚建,郭献军. 火力发电厂主——辅控一体化DCS网络与应用[J]. 化工自动化及仪表,2014(7):839 – 841.

[23] 刘耀海. 浅谈机电一体化技术的应用及发展趋势[J]. 华章,2011(20):89.

[24] 刘兵. 可编程逻辑控制器及应用[M]. 重庆:重庆大学,2010.

[25] 张桢,牛玉刚. DCS与现场总线综述[J]. 电气自动化,2013(1):4 – 6.

[26] 乌建中,蒋一斌,蒋时春. 以太网与CAN异构通信网络实时性的研究[J]. 中国工程机械学报,2013

(1):88 – 92.

[27] Wang Liling, Wei Hongying. Development of a distributed control system for PLC – based applications[C]. International Conference on Machine Learning and Cybernetics(ICMLC),2010:2:906 – 909.

[28] P Pratumsuwan P, Pongaen W. An embedded PLC development for teaching in mechatronics education [C]. IEEE Conference on Industrial Electronics and Applications (ICIEA),2011:1477 – 1481.

[29] Varghese A, Tandur D. Wireless requirements and challenges in Industry4. 0[C]. International Conference on Contemporary Computing and Informatics (IC3I),2014:634 – 638.

[30] Paelke V. Augmented reality in the smart factory:Supporting workers in an industry4. 0 environment[C]. Emerging Technology and Factory Automation (ETFA),2014:1 – 4.

[31] Cheng Xiaoyan, Dang Guoqing. The P2P communication technology research based on Internet of things [C]. IEEE Workshop on Advanced Research and Technology in Industry Applications (WARTIA),2014: 178 – 180.

[32] Zhou Qilou, Zhang Jie. Research prospect of Internet of Things Geography[C]. 19th International Conference on Geoinformatics,2011:1 – 5.

[33] Chen Guojin, Xu Ming. Intelligent Control System of Transformer Cooling Based on DCS and Dual PLC[C]. Fifth International Conference on Measuring Technology and Mechatronics Automation (ICMTMA),2013: 648 – 651.

[34] Jin Feng, Du Manman. Design of coal blending automation control system for coke – making[C]. 2011 Second International Conference on Mechanic Automation and Control Engineering (MACE), 2011: 4877 – 4880.

[35] Valencic D, Lebinac V, Skendzic A. Developments and current trends in Ethernet technology[C]. 2013 36th International Convention on Information & Communication Technology Electronics & Microelectronics (MIPRO),2013:431 – 436.

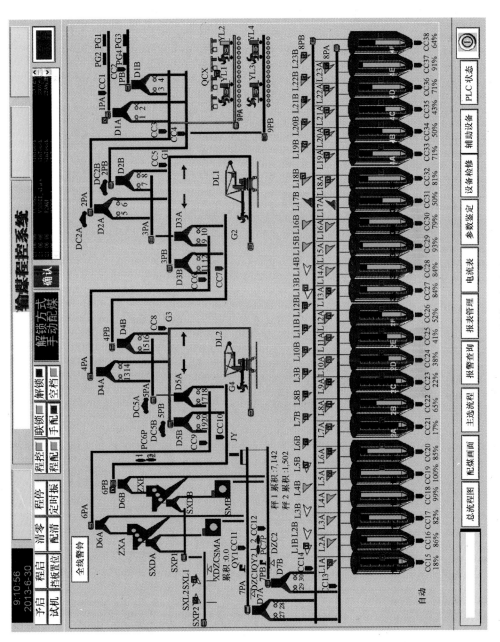

图 5 - 56　输煤程控系统

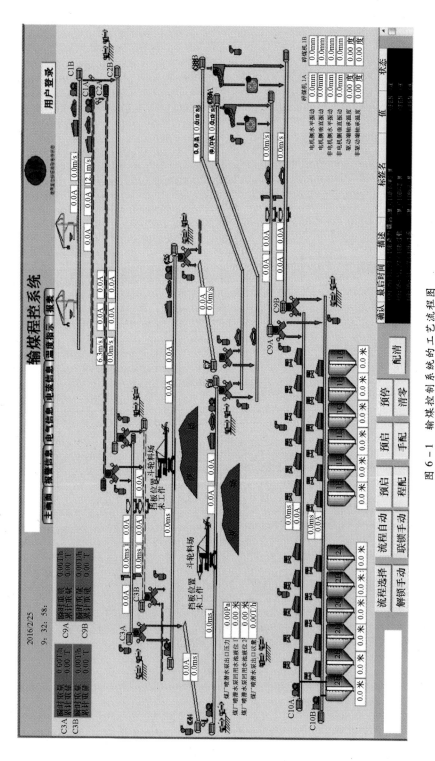

图 6-1 输煤控制系统的工艺流程图